Arbeitsheft

# Grundkenntnisse Holztechnik

## Lernfelder 1 bis 4

von

Uta Mailänder und Uwe Hellwig

2., aktualisierte Auflage

HANDWERK UND TECHNIK – HAMBURG

ISBN 978-3-582-84506-1
Arbeitsheft – 2. Auflage

ISBN 978-3-582-34109-9
Arbeitsheft mit Lösungen – II/2. Auflage



Verlag Handwerk und Technik GmbH,
Lademannbogen 135, 22339 Hamburg; Postfach 63 05 00, 22331 Hamburg – 2019
E-Mail: info@handwerk-technik.de – Internet: www.handwerk-technik.de

Satz und Layout: CMS – Cross Media Solutions GmbH, 97080 Würzburg
Umschlagsfotos: Michael Schwab; 21109 Hamburg
Druck: Bruder Glöckler GmbH, 2752 Wöllersdorf (Österreich)

# Inhaltsverzeichnis

# 1 Den Arbeitsplatz erkunden

## 1.1 Ein Ausbildungsplatz im holzverarbeitenden Betrieb

| Name: | Klasse: | Datum: | Blatt 1/1 |
|---|---|---|---|

Zusammen mit anderen Auszubildenden Ihrer Klasse stehen Sie auf dem Schulhof und unterhalten sich über Ihre Ausbildungsbetriebe. Dabei stellen Sie fest, wie groß die Unterschiede zwischen kleinen Handwerksbetrieben mit wenigen Mitarbeitern und großen holzverarbeitenden Betrieben sind.

**1.** Beschreiben Sie möglichst präzise Ihren Ausbildungsbetrieb:

- An welchem Standort (Stadt, Land, Industriegebiet, Wohngebiet usw.) ist die Tischlerei, in der Sie ausgebildet werden?

- Beschreiben Sie Ihre ersten, persönlichen Eindrücke.

- Welche Produkte stellt ihr Betrieb her?

- Über welche Holzbearbeitungsmaschinen verfügt Ihr Ausbildungsbetrieb?

- Welche Personen arbeiten in Ihrem Betrieb (Meister, Techniker, Bürokraft, Gesellen, Azubis, Aushilfen usw.)?

- Welche speziellen Dienstleistungen neben den Schwerpunkttätigkeiten ihres Betriebes bietet ihr Betrieb an (z. B. Finanzierungsangebote, Zulieferprodukte für Industrie usw.)?

## 1.2 Arbeitsplätze und Tätigkeitsfelder im Vergleich

| Name: | Klasse: | Datum: | Blatt 1/1 |
|---|---|---|---|
| | | | |

**1.** Vergleichen Sie die beiden dargestellten Arbeitsplätze. Wie hat sich der Arbeitsplatz eines Tischlers im Lauf von zwei Jahrhunderten verändert?

Tischlerei um 1800

Tischlerei heute

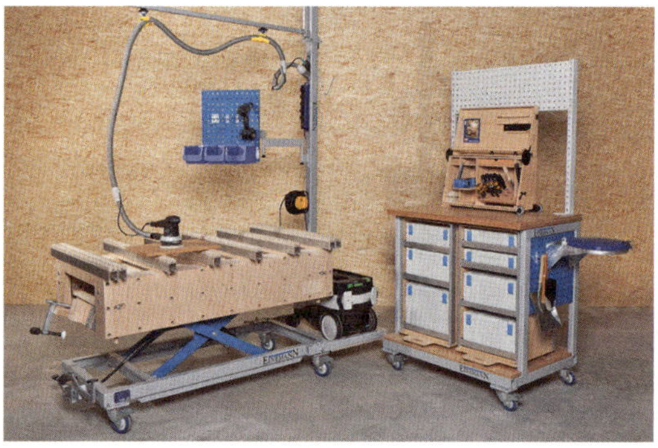

**2.** Erläutern Sie die Tätigkeitsfelder des Tischlers und des Holzmechanikers. In welchen Produktbereichen konkurrieren sie?

# 2 Arbeitsplatz, Arbeits- und Gesundheitsschutz

## 2.1 Aufbau des Ausbildungsbetriebs

| Name: | Klasse: | Datum: | Blatt 1/1 |
|---|---|---|---|

1. Ergänzen Sie die beiden Spalten.

| Welche Betriebsräume gibt es? | Wie ist die Ausstattung? | Welche Tätigkeiten werden dort ausgeführt? |
|---|---|---|
| Unternehmensleitung, Sozial- und Sanitärräume | | |
| Schnittholzlager | | |
| Plattenlager | | |
| PC-Arbeitsplatz | | |
| Bankraum | | |
| Maschinenraum | | |
| Furnierraum | | |
| Plattenzuschnitt | | |
| Schleifraum | | |
| Oberflächenraum | | |
| Trockenraum | | |
| Spänebunker | | |

## 2.2 Tätigkeitsfelder

| Name: | Klasse: | Datum: | Blatt 1/1 |
|---|---|---|---|
| | | | |

**1.** Welche unterschiedlichen Tätigkeitsfelder lassen sich im Tischlerberuf unterscheiden?

**2.** Geben Sie die Bezeichnungen der einzelnen Teile an der Hobelbank an.

| | |
|---|---|
| 1 | |
| 2 | |
| 3 | |
| 4 | |
| 5 | |
| 6 | |
| 7 | |
| 8 | |

**3.** Benennen Sie die Zubehörteile einer Hobelbank.

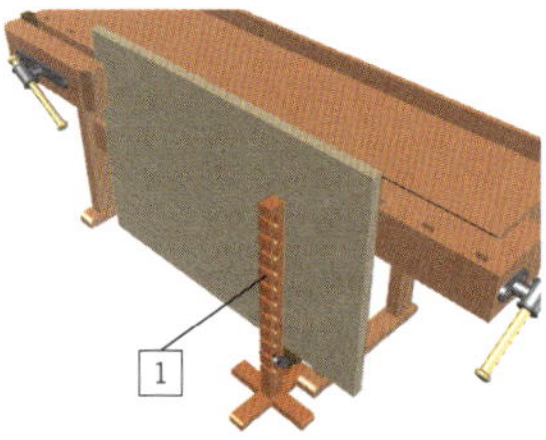


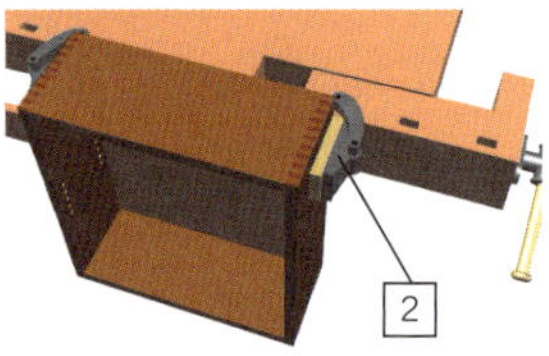


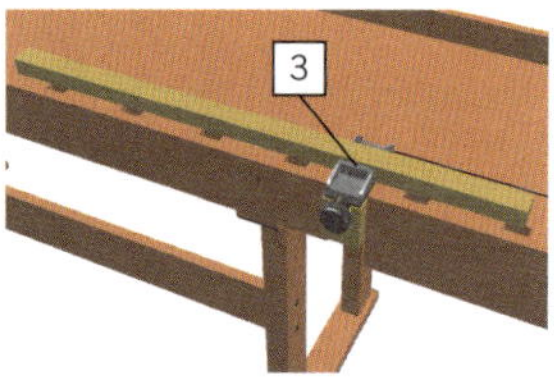


1

2

3

**4.** Erläutern Sie die mengenteilige und artteilige Fertigung.

## 2.3 Gefahren und Unfallprävention

| Name: | Klasse: | Datum: | Blatt 1/1 |
|---|---|---|---|

**1.** In Ihrer Ausbildung begegnen Ihnen unterschiedliche Gebotszeichen und Gefahrensymbole. Ordnen Sie durch Kreuze im entsprechenden Feld die Symbole den Orten zu, an denen man die jeweilige Schutzausrüstung tragen muss.

| | **Schärf-maschine** 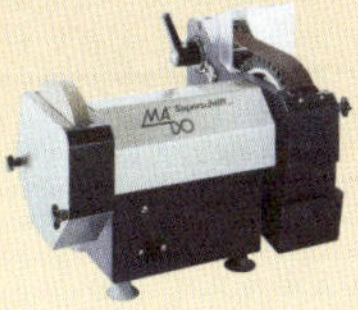 | **Plattenlager**  | **Lackierraum** 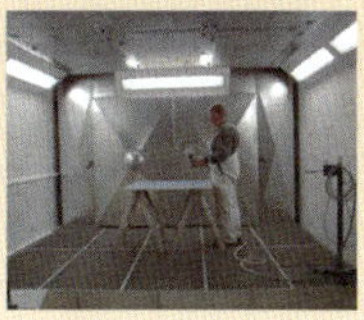 | **Maschinen-raum**  | **Gefahrstoffe** 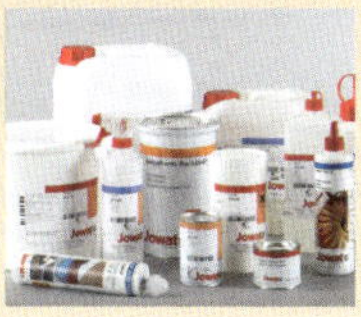 |
|---|---|---|---|---|---|
|  | | | | | |
|  | | | | | |
|  | | | | | |
|  | | | | | |
|  | | | | | |
|  | | | | | |

**2.** Wofür stehen diese Gefahrensymbole?

| | | | |
|---|---|---|---|
|  | |  | |
|  | |  | |
|  | |  | |
|  | |  | |

## 2.4 Ergonomisch arbeiten

| Name: | Klasse: | Datum: | Blatt 1/3 |
|---|---|---|---|

**1.** Der Einstieg in einen Handwerksberuf ist für viele Berufseinsteiger zunächst körperlich anstrengend und ungewohnt. Welche gesundheitlichen Beeinträchtigungen haben Sie selbst bereits erfahren?

**2.** Ordnen Sie die möglichen Ursachen den Gesundheitsschädigungen durch Pfeile zu.

| | **Mögliche Ursachen** | |
|---|---|---|
| Rückenschmerzen | Fehlbelastungen der Wirbelsäule durch falsches Heben und Tragen | Fußschmerzen |
| | Langes Stehen | |
| | Übergewicht | |
| | Einatmen von Lösemitteln | Hustenreiz, Atemnot |
| Verspannungen | Wirbelsäulen-Fehlstellungen | |
| | Arbeiten in gebeugter Position | |
| | Einatmen von Lacknebeln | |
| Kopfschmerzen | Rauchen | |
| | Mangelnder Gehörschutz | |
| | Einatmen von Mineralfaserstäuben | |
| Hörbeeinträchtigungen | Mangelnde Absaugung von Holzstäuben | Schädigungen der inneren Organe |
| | Alkoholkonsum | |

## 2.4 Ergonomisch arbeiten

| Name: | Klasse: | Datum: | Blatt 2/3 |
|---|---|---|---|

**1.** Jeder der im Handwerk arbeitet, sollte auf „ergonomisches Arbeiten“ achten, um körperliche Schädigungen zu vermeiden. Was versteht man darunter?

**2.** Welche Ziele sind mit einem ergonomischen Arbeiten (siehe auch nachfolgende Frage) verbunden?

**3.** Welche ergonomischen Hilfsmittel sind in beiden Abbildungen dargestellt?

**4.** Sie sehen im Folgenden Situationen, die vermieden werden sollten. Beschreiben Sie, was falsch gemacht wurde und was beachtet werden sollte.

Fehler:

Richtig:

Fehler:

Richtig:

## 2.4 Ergonomisch arbeiten

| Name: | Klasse: | Datum: | Blatt 3/3 |
|---|---|---|---|

**1.** Beschreiben Sie das jeweilige fehlerhafte Verhalten und ergänzen Sie die sicherheitstechnisch notwendigen Maßnahmen.

Fehler:

Richtig:

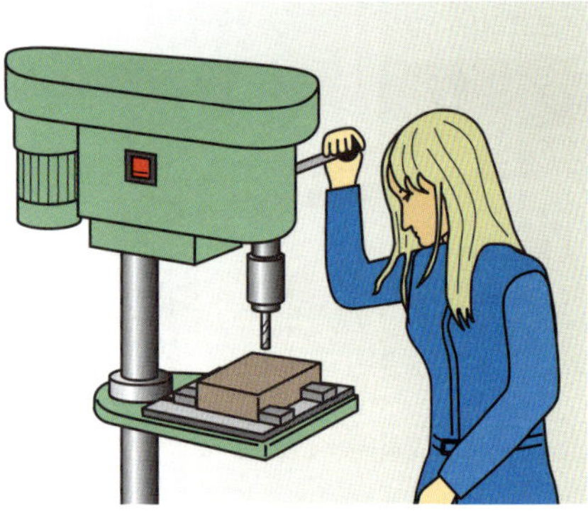

Fehler:

Richtig:

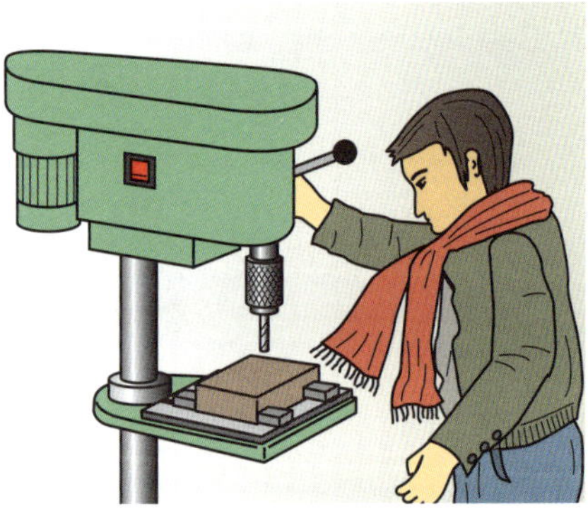

Fehler:

Richtig:

Fehler:

Richtig:

# 3 Arbeitsorganisation

## 3.1 Arbeitsvorbereitung

| Name: | Klasse: | Datum: | Blatt 1/1 |
|---|---|---|---|

**1.** An welcher Stelle im Auftragsablauf findet sich die Arbeitsvorbereitung? Stellen Sie die einzelnen Positionen in einem Auftragsablauf dar.

**Auftragsablauf:**

Kundenanfrage

kaufmännisch/technisch:

Angebot

Qualitätskontrolle

Montage vor Ort

Arbeitsvorbereitung

fertigungstechnisch:

Fertigung

Erhalt des Auftrages

Nachkalkulation

kaufmännisch:

Rechnungserstellung

Vorkalkulation

**2.** Was gehört alles zur Arbeitsvorbereitung? Erstellen Sie die Mindmap zur Arbeitsvorbereitung.

## 3.2 Betriebliche Kommunikation

| Name: | Klasse: | Datum: | Blatt 1/1 |
|---|---|---|---|

Generell sollte bei der betrieblichen Kommunikation ein Miteinander gelten. Daher sollten Sie Kommunikationsregeln frühzeitig einüben und auch verinnerlichen.

**1.** Was kann beim Empfänger auf unterschiedlichen Ebenen ankommen?
Ergänzen Sie anhand des Beispiels.

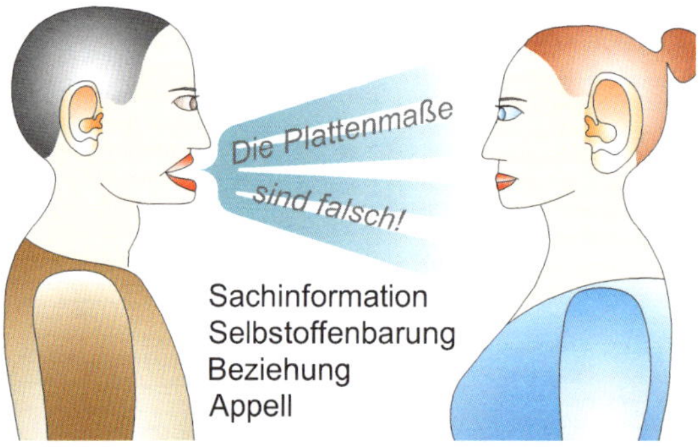


Sachebene:

Der Sender übermittelt Informationen.

Selbstoffenbarungsebene:

Der Sender gibt direkt oder indirekt Informationen von sich preis.

Beziehungsebene:

Der Sender vermittelt, wie er zum Empfänger steht.

Appellebene:

Der Sender will beim Empfänger etwas erreichen.

**2.** Stellen Sie Regeln für Kreativmethoden, die Kommunikation und hilfreiche Fragestellungen auf.

| **Regeln für Kreativmethoden** | **Kommunikationsregeln** | **Hilfreiche Fragetechniken** |
|---|---|---|
| | | |

# 4 Vollholz
## 4.1 Lebensfunktionen des Baumes

| Name: | Klasse: | Datum: | Blatt 1/1 |
|---|---|---|---|

**1.** Benennen Sie die drei dargestellten Bereiche des Baumes.

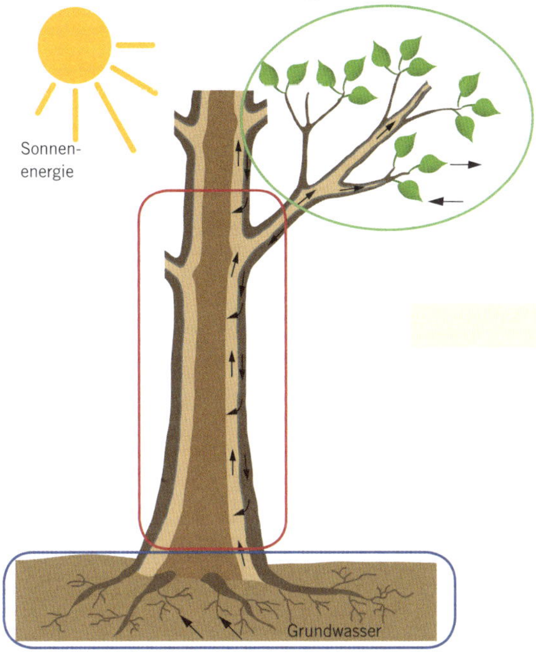


**2.** Ordnen Sie den drei Bereichen wichtige Lebensfunktionen zu.

**3.** Erklären Sie den Begriff der Fotosynthese.

## 4.2 Aufbau des Holzes

| Name: | Klasse: | Datum: | Blatt 1/1 |
|---|---|---|---|

**1.** Ordnen Sie die folgenden Begriffe den Abbildungen zu und beschreiben Sie die fettgedruckten:

**Borke**, **Bast**, **Kambium**, Splintholz, Kernholz, **Frühholz**, **Spätholz**, Kernholzbaum, Reifholzbaum, Splintholzbaum, Eiche, Weißbuche, Lärche, Tanne, Birke, Rotbuche, Kiefer, Fichte, Ahorn

| | | | | |
|---|---|---|---|---|
| hell | + | dunkel | → | |
| hell | + | hell | → | |
| hell | + | nicht vorhanden | → | |

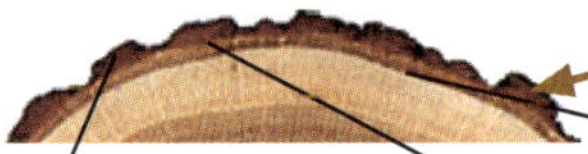

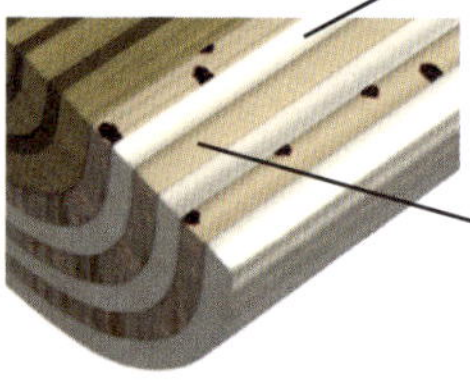

**2.** Welche Zellarten finden Sie nur beim Laub- bzw. nur beim Nadelholz?

**3.** Was bedeutet die Aussage: „Holz ist ein hygroskopischer Werkstoff“?

## 4.3 Bestimmung der Holzarten

| Name: | Klasse: | Datum: | Blatt 1/2 |
|---|---|---|---|

**1.** a) Welche Holzart ist hier jeweils abgebildet?
b) Welche unterschiedlichen Zellen sind zu erkennen? Beschriften Sie die Abbildungen.

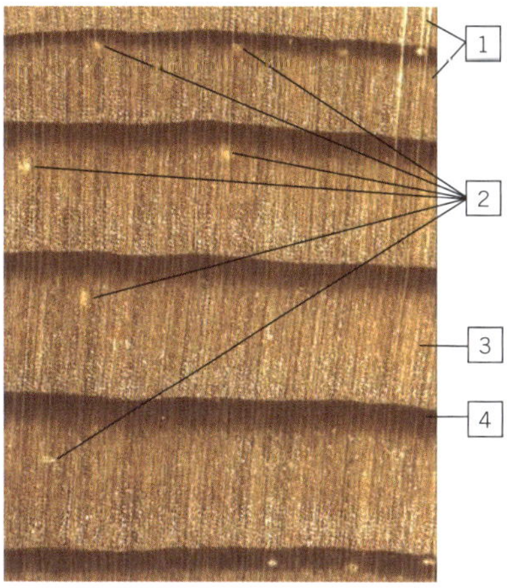


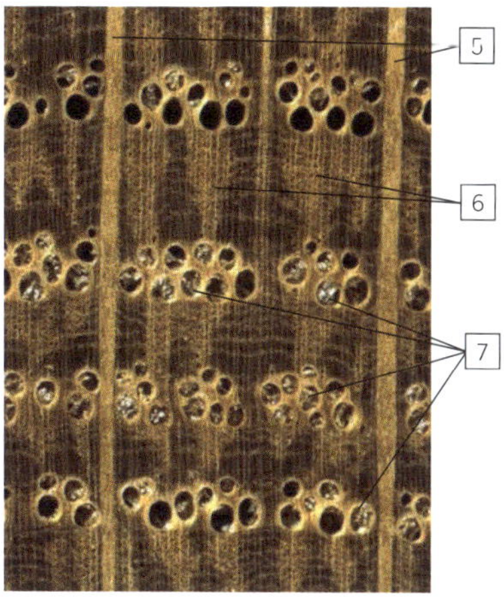


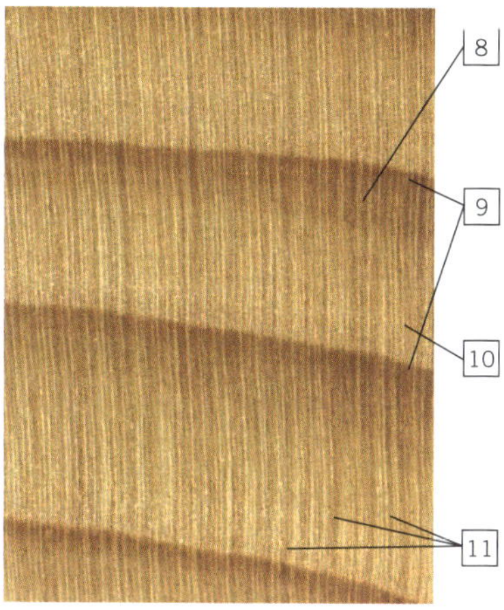


a)

b)

| | |
|---|---|
| 1 | |
| 2 | |
| 3 | |
| 4 | |
| 5 | |
| 6 | |

| | |
|---|---|
| 7 | |
| 8 | |
| 9 | |
| 10 | |
| 11 | |

**2.** Kreuzen Sie die zutreffenden Kombinationen in der Tabelle an. Mehrfachnennungen sind möglich.

| Laubholzart | Gefäßform | | | Holzstrahlen | | |
|---|---|---|---|---|---|---|
| | grobporig | mittelgrobporig | feinporig | breit | mittelbreit | schmal |
| Ahorn | | | | | | |
| Rotbuche | | | | | | |
| Esche | | | | | | |
| Wenge | | | | | | |
| Nussbaum | | | | | | |
| Teak | | | | | | |

## 4.3 Bestimmung der Holzarten

| Name: | Klasse: | Datum: | Blatt 2/2 |
|---|---|---|---|

**3.** Welche Bäume sind hier dargestellt? Ordnen Sie mithilfe von Pfeilen zu.

Esche

Buche

Eiche

Ahorn

Robinie

Linde

Birke

Ulme

## 4.4 Holzarten – Erscheinungsbild und Verwendung

| Name: | Klasse: | Datum: | Blatt 1/2 |
|---|---|---|---|

1. Im Holzlager Ihres Ausbildungsbetriebes lagern verschiedene europäische und außereuropäische Holzarten. Setzen Sie die jeweilige Holzart ein. Somit erhalten Sie von oben nach unten gelesen das Lösungswort.

Lösungswort:

## 4.4 Holzarten – Erscheinungsbild und Verwendung

| Name: | Klasse: | Datum: | Blatt 2/2 |
| --- | --- | --- | --- |

Sie sollen aus dem Lager geeignete Holzarten für folgende Möbel und Bauteile heraussuchen:

1. Eine Kundin wünscht sich für einen Schreibsekretär eine helle Holzart mit sehr feiner gleichmäßiger Textur ohne sichtbare Fladerung. Welche Holzarten kommen in Frage?

2. Ein Kunde wünscht sich für individuelle angefertigte Weinregale ein Holz mit rustikalem Charakter, dessen Struktur durch Bürsten hervorgehoben werden soll. Welche Holzarten können Sie empfehlen?

3. Für den Innenausbau eines Kindergartens sollen Nadelhölzer für Sitzmöbel verwendet werden. Wählen Sie aus dem Holzlager alle Nadelhölzer aus.

4. Welches Problem kann sich ergeben, wenn aus Nadelhölzern Sitzmöbel hergestellt werden?

5. Ein Kunde möchte wissen, welche außereuropäischen Hölzer in Ihrem Ausbildungsbetrieb verarbeitet werden und für welchen Einsatz diese besonders geeignet sind.

6. Welche europäischen Hölzer eignen sich gut für Einsatzgebiete im Freien, da sie beständig gegen Witterungseinflüsse und Pilze sind?

7. Welche Holzarten werden vom Bläuepilz befallen und welche Auswirkungen hat dieser Befall?

## 4.5 Holzfeuchte

| Name: | Klasse: | Datum: | Blatt 1/2 |
|---|---|---|---|
| | | | |

**1.** Holz ist ein hygroskopischer Werkstoff, d. h. er kann Feuchtigkeit aufnehmen und abgeben. Diskutieren und klären Sie in der Klasse/Gruppe folgende Übersicht.
Nutzen sie auch ihr Fachbuch.

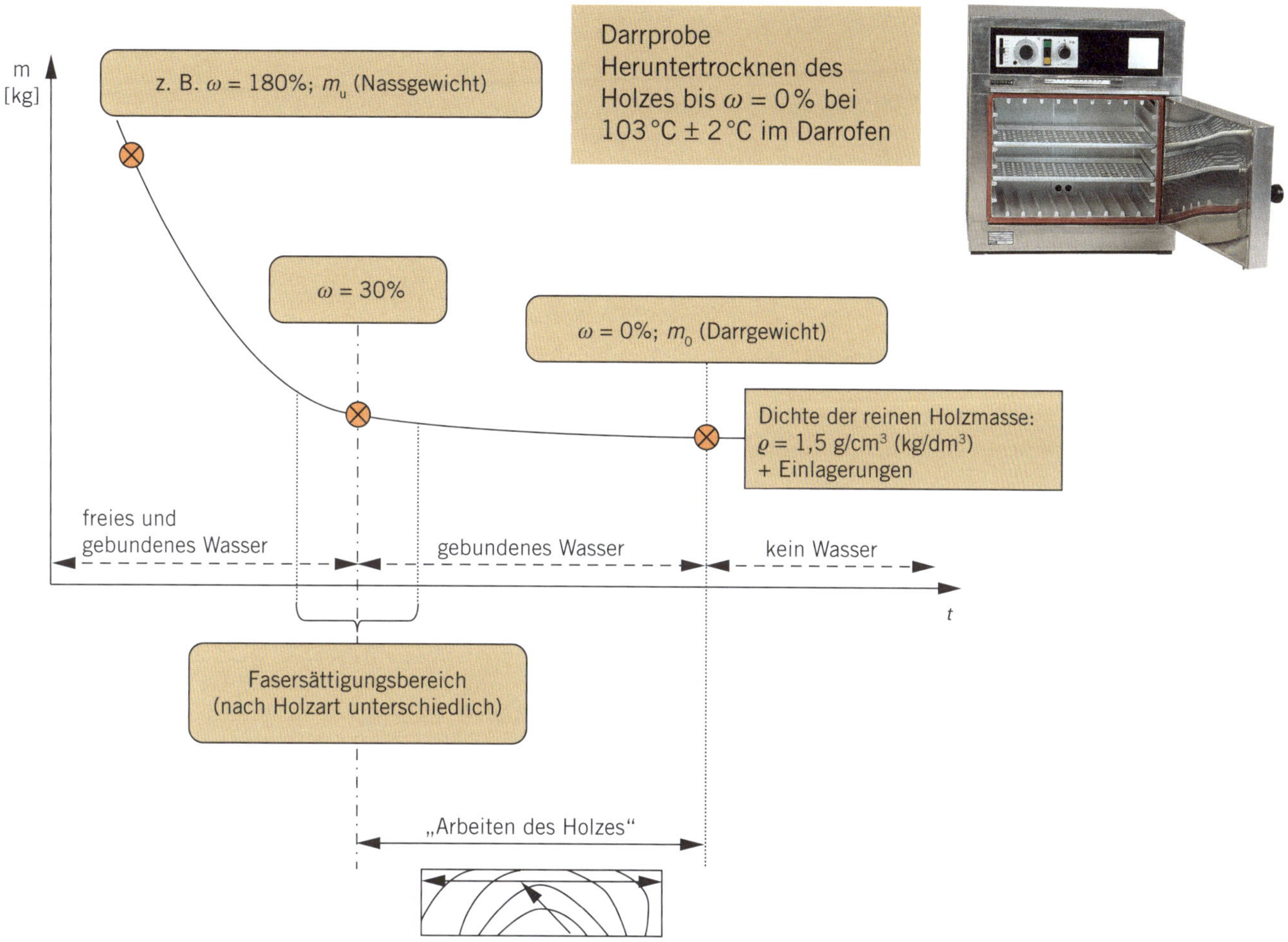


**Berechnung der Holzfeuchte $\omega$ (%):**

$$\omega\,[\%] = \frac{m_1 - m_0}{m_0} \cdot 100\,\%$$

**2.** Berechnen Sie die Holzfeuchte *u* in %:
$m_1$ = 400 g; $m_0$ = 350 g

## 4.5 Holzfeuchte

| Name: | Klasse: | Datum: | Blatt 2/2 |
|---|---|---|---|
| | | | |

**1.** Holz ist zu dem ein anisotroper Werkstoff, d.h. er arbeitet in unterschiedlichen Richtungen unterschiedlich stark. Zeichnen Sie die Quell- bzw. Schwundrichtungen des Holzes ein und geben Sie prozentual das Maß des Quellens und Schwindes an:

Im Mittel aller Hölzer arbeitet Holz …

… in Längsrichtung:

… radial:

… tangential:

**2.** Geben Sie mithilfe eines Fach- oder Tabellenbuches für die verschiedenen Hölzer das differenzielle Schwindmaß an. Berechnen Sie das jeweilige Schwundmaß der angegebenen Hölzer am Beispiel einer Bohle von 2,50 m × 45 cm × 40 mm (Seitenbrett) bei einer Abnahme der Holzfeuchte von 25 auf 13 %. Bei welchen Hölzern stellt sich das minimalste bzw. maximalste Schwundmaß ein?

| **Holzart** | **Kurz-zeichen** | **Differenzielles Schwindmaß *q* in % pro 1 % Holzfeuchte-änderung** | |
|---|---|---|---|
| | | **radial** | **tangential** |
| Fichte | | | |
| Kiefer | | | |
| Lärche | | | |
| Tanne | | | |
| Buche | | | |
| Eiche | | | |
| Meranti-rot | | | |
| Pockholz | | | |
| Robinie | | | |
| Rüster | | | |
| Teak | | | |

| **Holzart** | **Berechnetes Schwundmaß in mm:** | |
|---|---|---|
| | **radial** $b_{rad}$ | **tangential** $b_{tan}$ |
| Fichte | | |
| Kiefer | | |
| Lärche | | |
| Tanne | | |
| Buche | | |
| Eiche | | |
| Meranti-rot | | |
| Pockholz | | |
| Robinie | | |
| Rüster | | |
| Teak | | |

Berechnung des Schwundmaßes in der Breite (gilt für radiale und tangentiale Richtungen):

$$b_{\Delta} = \frac{b_a \cdot q\,\%/\%}{100\,\%} \cdot \Delta\omega\,\%$$

Berechnungsbeispiel für Fichte, tangential:

# 4.6 Holztrocknung

| Name: | Klasse: | Datum: | Blatt 1/1 |
|---|---|---|---|

**1.** Bei der Freilufttrocknung sollten bestimmte Kriterien erfüllt sein. Welche sind diese?

**2.** Nennen Sie mindestens vier Arten der technischen Holztrocknung.

**3.** Erläutern Sie den „Darrzustand“?

**4.** Was zeigt ein Thermo-Hygrometer an? Diskutieren Sie den Begriff der „Gleichgewichtsfeuchte“.

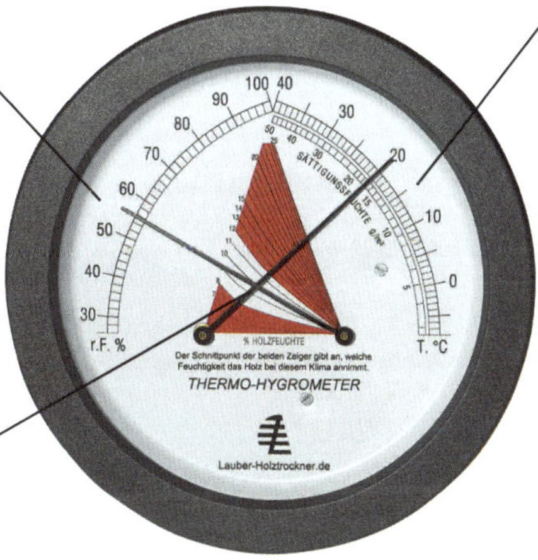

## 4.7 Physikalisch-technische Eigenschaften der Hölzer

| Name: | Klasse: | Datum: | Blatt 1/1 |
|---|---|---|---|

**1.** Welche physikalisch-technischen Eigenschaften spielen bei der Holzauswahl eine wesentliche Rolle?

**2.** Von welchen Faktoren ist die Rohdichte des Holzes abhängig?

**3.** Sortieren Sie die Holzarten anhand ihrer Rohdichte. Nummerieren Sie diese beginnend mit der größten Rohdichte.

| | | | |
|---|---|---|---|
| | Balsa | | Kiefer |
| | Limba | | Fichte |
| | Lärche | | Weißbuche |
| | Eiche | | Nussbaum |

**4.** Nennen Sie jeweils drei Holzarten für die Härtegrade weich und hart.

weich:

hart:

**5.** a) Um die Dichte zu berechnen benötigen Sie welche Formel?
b) Berechnen Sie anhand der Formel die Dichte eines Holzstücks mit einer Masse von 142 g und einem Volumen von 200 $cm^3$.

a)

b)

**6.** Was sagt das E-Modul ($E_m$) aus?

## 4.8 Holzschädlinge

| Name: | Klasse: | Datum: | Blatt 1/2 |
|---|---|---|---|

**1.** Ordnen Sie die verschiedenen Holzschädlinge und holzzerstörenden Pilze den Schadensbildern zu.

Braunfäule    Echter Hausschwamm    Borkenkäfer    Weißfäule    Bläuepilz

Riesen-Holzwespe    gewöhnlicher Nagekäfer    Termiten    Hausbockkäfer

| | | |
|---|---|---|
|  |  |  |
| | | |
|  |  |  |
| | | |
|  |  |  |
| | | |

**2.** Welche konstruktiven Schutzmaßnahmen sind zu treffen?

## 4.8 Holzschädlinge

| Name: | Klasse: | Datum: | Blatt 2/2 |
| --- | --- | --- | --- |

Als Holzprofi werden Sie gelegentlich auf Schadensbilder verschiedener Holzschädlinge und holzzerstörender Pilze angesprochen. Geben Sie Empfehlungen, welche Maßnahmen bei unterschiedlichen Schädlingen ergriffen werden können.

**1.** Ein Kunde lagert Kiefernleisten im Freien. Es zeigt sich, dass einige Leisten eine Blaufärbung aufweisen. Er möchte nun wissen, ob er die Leisten dennoch im Innenraum als Konstruktionsholz verwenden kann. Was können Sie ihm raten?

**2.** Eine Kundin zeigt Ihnen eine alte Truhe, die deutlich sichtbare Wurmlöcher eines gewöhnlichen Nagekäfers aufweist. Die Truhe, die jahrelang in der Garage stand, soll nun in die Wohnung geholt werden. Stellt das befallene Möbel eine Gefahr für andere Möbel im Haus dar und was kann die Kundin ggf. tun kann, um den Schädling zu bekämpfen?

## 4.9 Schnittholz

| Name: | Klasse: | Datum: | Blatt 1/1 |
|---|---|---|---|

**1.** Tragen Sie die jeweiligen Bezeichnungen ein.

Einschnitte von Bauholz

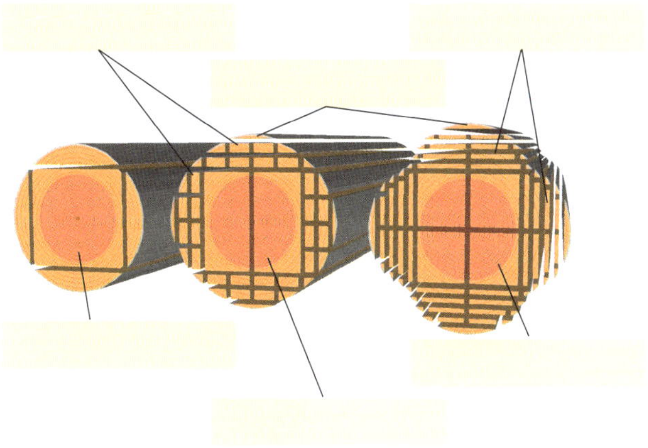

Blockware

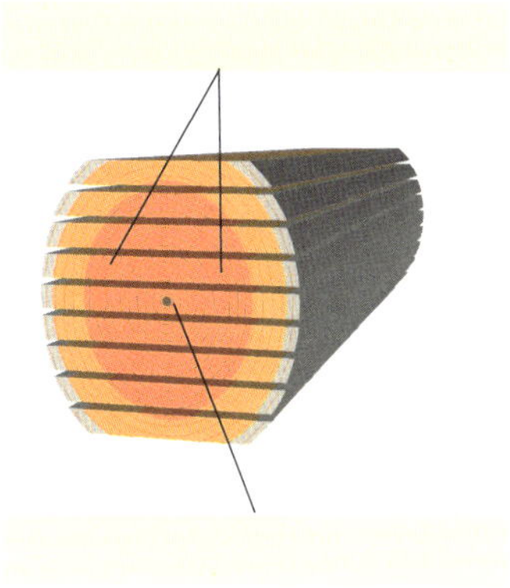

**2.** Berechnen Sie das jeweilige Volumen in $m^3$.

a) Schnittholz besäumt

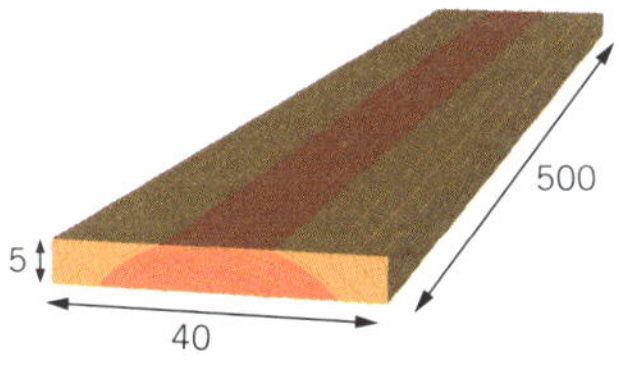


Formel für die Kopffläche:

Berechnung der Kopffläche:

Formel für das Volumen:

b) Schnittholz unbesäumt (Bohle)

Formel für die Kopffläche:

Berechnung der Kopffläche:

Formel für das Volumen:

## 4.10 Das Ökosystem Wald

| Name: | Klasse: | Datum: | Blatt 1/2 |
|---|---|---|---|

**1.** Ergänzen Sie die Mindmap.

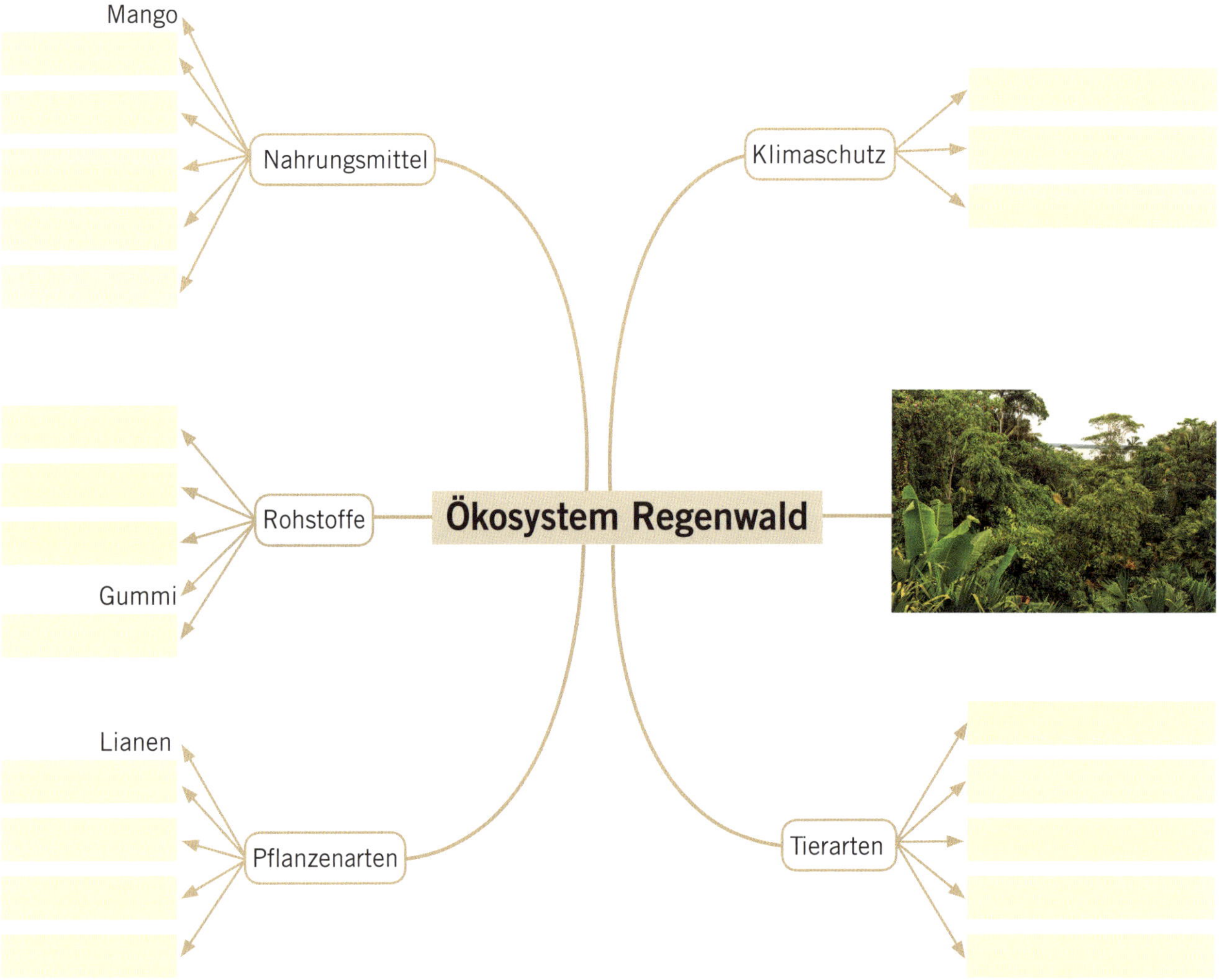


**2.** Die folgende Karte zeigt die Ausbreitung des Tropenwaldes vor ca. 8000 Jahren. Zeichnen Sie in Rot die Gebiete ein, die noch erhalten sind.

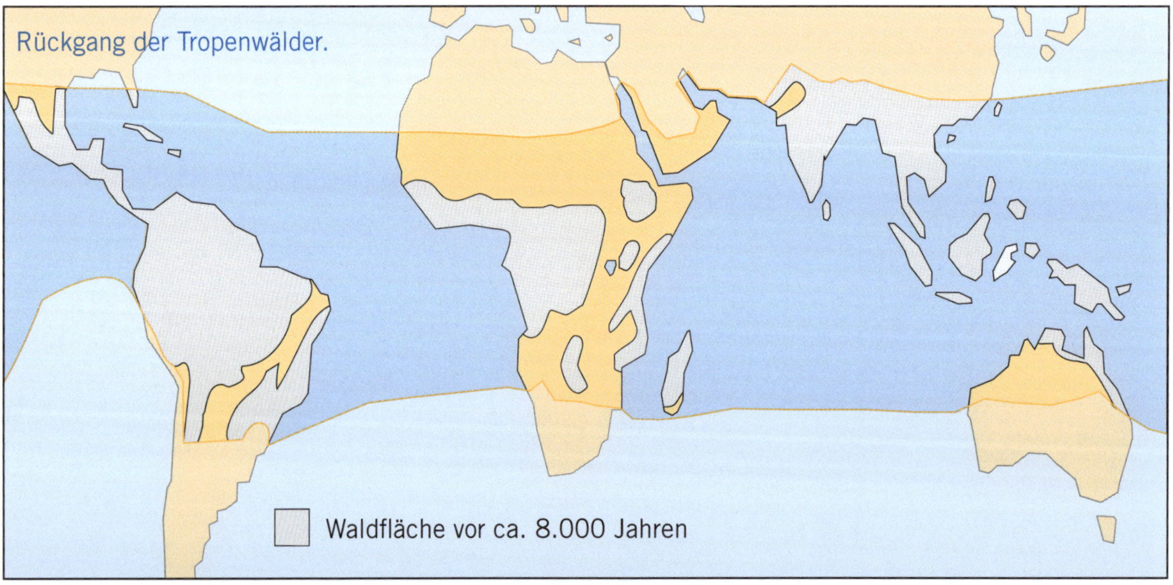

## 4.10 Das Ökosystem Wald

| Name: | Klasse: | Datum: | Blatt 2/2 |
|---|---|---|---|

1. Europa ist (laut Eurostat) der einzige Kontinent, dessen Waldfläche zunimmt. Die Landfläche ist zu 42% mit Wäldern bedeckt. Erstellen Sie ein Balkendiagramm, indem Sie die Länder geordnet nach der Größe ihrer Waldbestände einzeichnen.

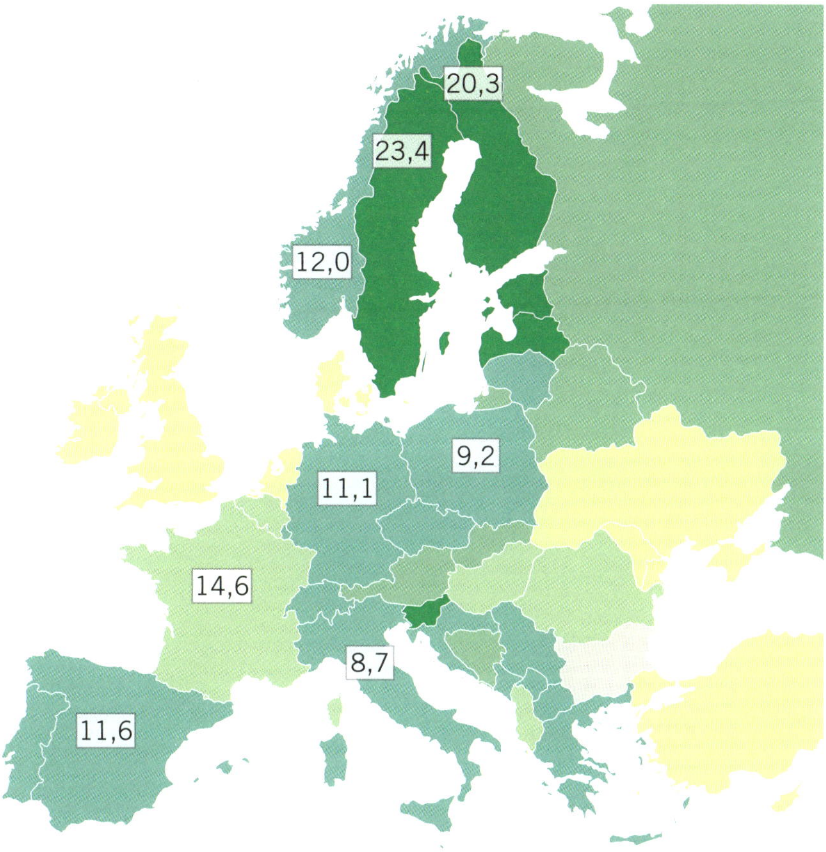

# 5 Furniere und Furniertechniken

## 5.1 Furnierarten

| Name: | Klasse: | Datum: | Blatt 1/3 |
|---|---|---|---|

1. Furniere sind dünne Holzblätter, die entweder gesägt, gemessert oder geschält werden. Bezeichnen Sie die abgebildeten Furnierherstellungsverfahren. Welche Furnierbilder ergeben sich aus den unterschiedlichen Verfahren? Zeichnen Sie die Textur von Hand in den unteren Kasten.

| | | |
|---|---|---|
| | | |
| 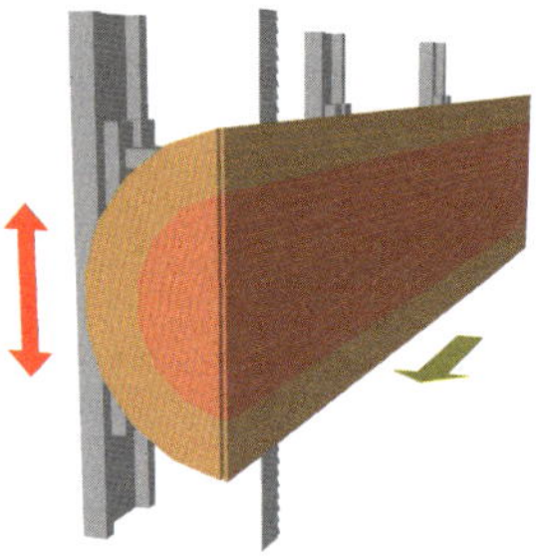 | 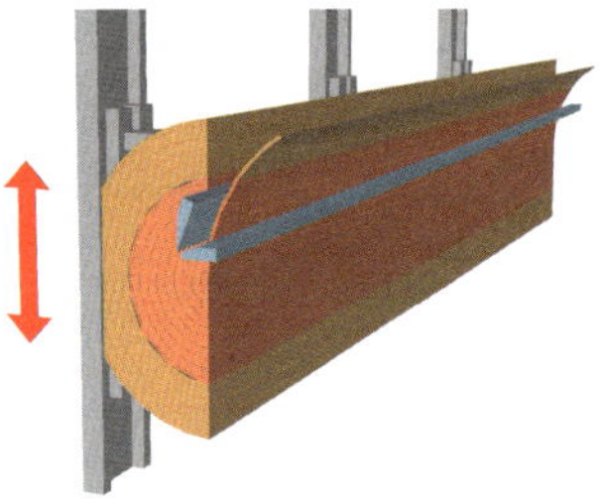 | 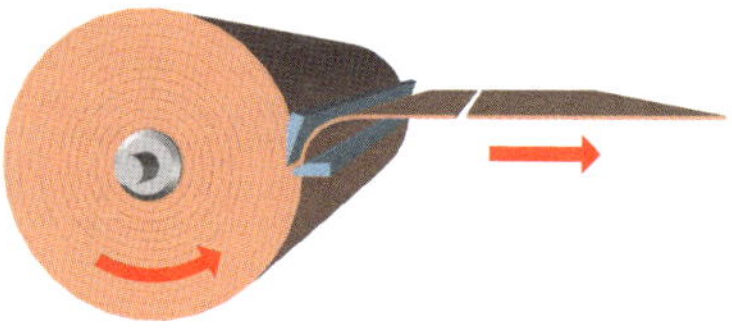 |
| | | |

2. Bezeichnen Sie die folgenden Sonderfurniere und ermitteln Sie durch Internet-Recherchen den m²-Preis.

| | Bezeichnung | Preis/m² |
|---|---|---|
| 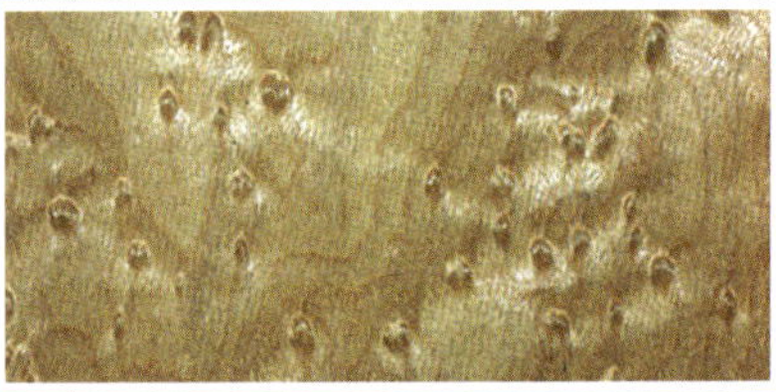 | | |
| 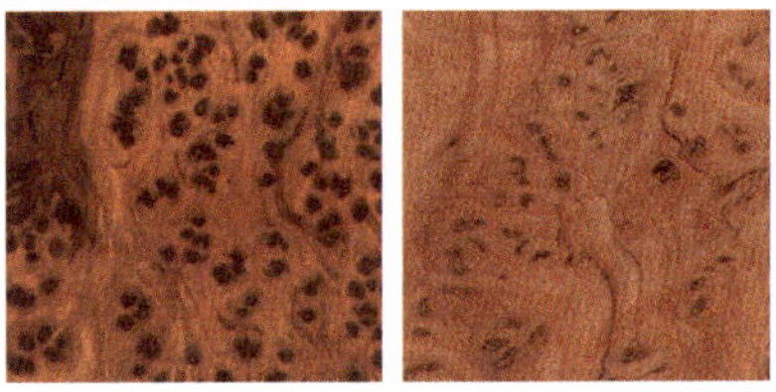 | | |
| 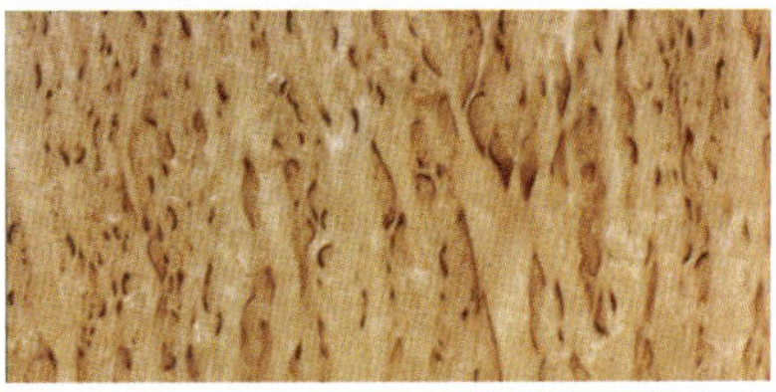 | | |
|  | | |

## 5.1 Furnierarten

| Name: | Klasse: | Datum: | Blatt 2/3 |
|---|---|---|---|

1. Finden Sie fachliche Begründungen für folgende Aussagen:

   a) Sägefurniere sind heute kaum noch im Handel.

   b) Um Furniere messern oder schälen zu können, müssen die Stämme in Dämpfgruben gelagert werden.

   c) Beim Messer- und Schälverfahren kommt es auf der linken Seite des Furniers zu Haarrissen.

   d) Die Lagerung der Furniere erfordert ein möglichst gleichbleibendes Raumklima.

   e) Beim Furnieren müssen grundsätzlich beide Seiten der Trägerplatte furniert werden.

## 5.1 Furnierarten

| Name: | Klasse: | Datum: | Blatt 3/3 |
|---|---|---|---|

Versuchen Sie durch Internet-Recherche folgende Fragen zu beantworten.

**1.** Aus welchen Teilen des Baumes können „Maserfurniere“ hergestellt werden?

**2.** Nennen Sie zwei unterschiedliche Maserfurniere

**3.** Welche Verarbeitungsnachteile haben Maserfurniere häufig gegenüber Langfurnieren?

**4.** Begründen Sie mit welchem Verfahren „Vogelaugenahornfurniere“ hergestellt werden müssen, damit ihr typisches „geäugtes“ Furnierbild entsteht?

**5.** Welche Baumwuchseigenschaften führen zu einer Querriegelung z.B. bei Riegelahorn-Furnieren?

**6.** Welche Vorteile haben durchgefärbte Furniere im Vergleich zu gebeizten Furnieren?

## 5.2 Furnierfügetechniken

| Name: | Klasse: | Datum: | Blatt 1/1 |
|---|---|---|---|
| | | | |

**1.** Bringen Sie Arbeitsschritte des Furnierens in die richtige Reihenfolge.

Furnierstreifen auf grobe Länge schneiden

Furniere auswählen und auf Fehler untersuchen

Schleifen der furnierten Fläche

Leimangabe auf Trägerplatte

Fügen der Furniere

Furnierte Platte ausdünsten lassen

Zusammensetzen der Furniere

Pressen der furnierten Fläche

Zusammensetzen des Furnierbildes

| | |
|---|---|
| 1. | |
| 2. | |
| 3. | |
| 4. | |
| 5. | |
| 6. | |
| 7. | |
| 8. | |
| 9. | |

**2.** Ergänzen Sie die folgenden Sätze:

Sämtliche Oberflächen von Trägerplatten müssen ______ und ______ sein.

Um die Plattenkanten zu verdecken, werden ______ oder ______ oder ______ angebracht.

In der Regel werden Trägerplatten mithilfe einer ______ geglättet und auf ein exaktes Dickenmaß gebracht.

## 5.3 Furnieren von Breitflächen

| Name: | Klasse: | Datum: | Blatt 1/1 |
| --- | --- | --- | --- |

Sie haben verschiedene Furnierpakete mit unterschiedlicher Textur vor sich.

**1.** Benennen Sie die unterschiedlichen Methoden der Flächengestaltung und zeichnen Sie in das rechte Feld das Furnierbild, das auf diese Weise entsteht.

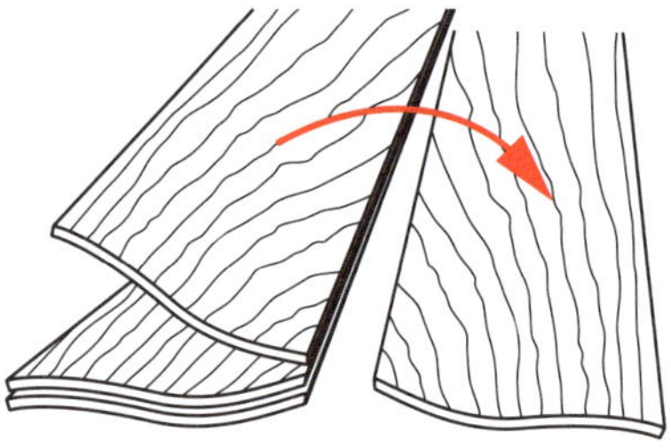

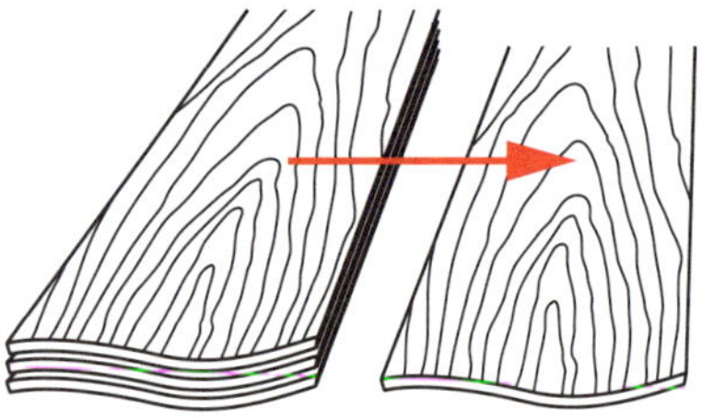

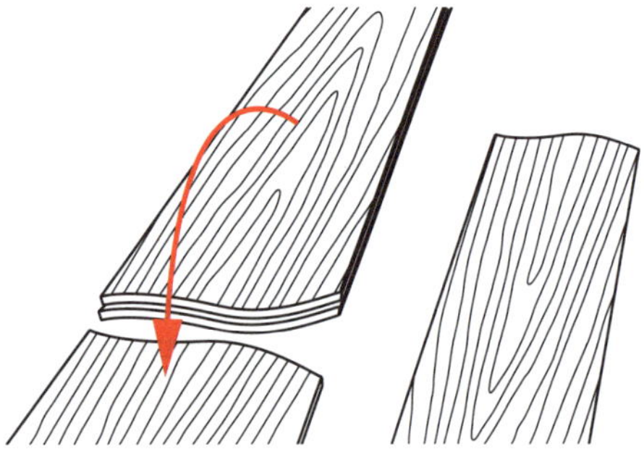

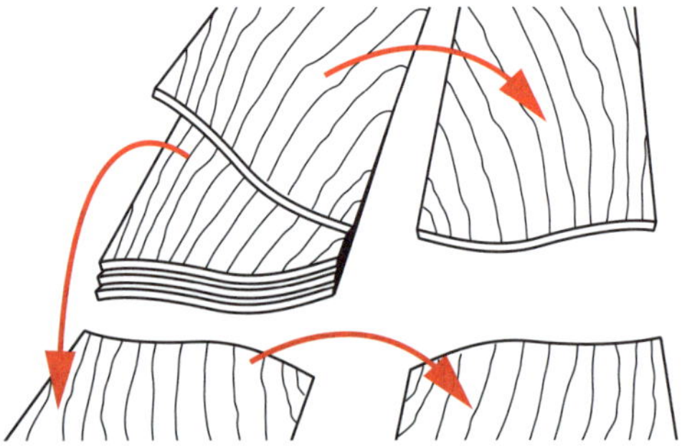

## 5.4 Fehler beim Furnieren

| Name: | Klasse: | Datum: | Blatt 1/1 |
|---|---|---|---|

**1.** Beim Furnieren von Trägermaterialien kann es zu unterschiedlichen Furnierfehlern kommen. Ergänzen Sie die Tabelle.

| Verarbeitungsfehler | Ursachen | Fehlerbeseitigung |
|---|---|---|
| Leimwülste | | Falls der Leim noch nicht ausgehärtet ist, mehrmals nachpressen. |
| Druckstellen | | |
| Offene oder überschobene Fugen | • Fehler beim Zusammenkleben<br>• Zu frühzeitiges Auflegen auf beleimte Platte | |
| | | Bei KPVAC-Leim sofort nach dem Pressen mit warmem Wasser ausbürsten.<br>Anderer Leim ist nicht mehr zu entfernen. |
| | • Zu wenige Leimangabe<br>• Zu langsame Verarbeitung | |

**2.** Warum sollen Furniere grundsätzlich in gleicher Faserrichtung auf die Trägerplatte aufgebracht werden.

**3.** Was ist beim Überfurnieren von Vollholzanleimern zu beachten?

# 6 Holz- und andere Plattenwerkstoffe

## 6.1 Holzwerkstoffe zuordnen

| Name: | Klasse: | Datum: | Blatt 1/1 |
|---|---|---|---|
| | | | |

**1.** Ordnen Sie jedem unten aufgeführten Holzwerkstoff die jeweilige Abbildung (Nummer) zu.

| | | |
|---|---|---|
| Ein- oder mehrlagige SWP-Vollholzplatten | Flachpressspanplatte | Strangpressspanplatte |
| Furniersperrholz | OSB-Grobspanplatte | Dekorative Hochdruck-Schichtpressstoffplatten HPL |
| Tischlerplatte DIN EN 636 (CE) | Kunststoffbeschichtete Flachpressspanplatte MFB | Mitteldichte Faserplatte MDF |
| Multiplexplatte | Mittelharte Faserplatte MB | Wabenplatte |

## 6.2 Kennzeichnung und Eigenschaften von Holzwerkstoffen

| Name: | Klasse: | Datum: | Blatt 1/4 |
|---|---|---|---|

**1.** In welche vier großen Gruppen lassen sich Holzwerkstoffe unterteilen.

**2.** Nennen Sie drei Eigenschaften, in denen sich Holzwerkstoffe gegenüber Vollholz unterscheiden?

**3.** Welche allgemeinen Anforderungen müssen Holzwerkstoffe unabhängig von der Holzart, Oberflächenbeschaffenheit und Beschichtung heutzutage erfüllen?

**4.** Beschriften Sie die Abbildung mit den unterschiedlichen Bestandteilen aus denen Holzwerkstoffe hergestellt werden?

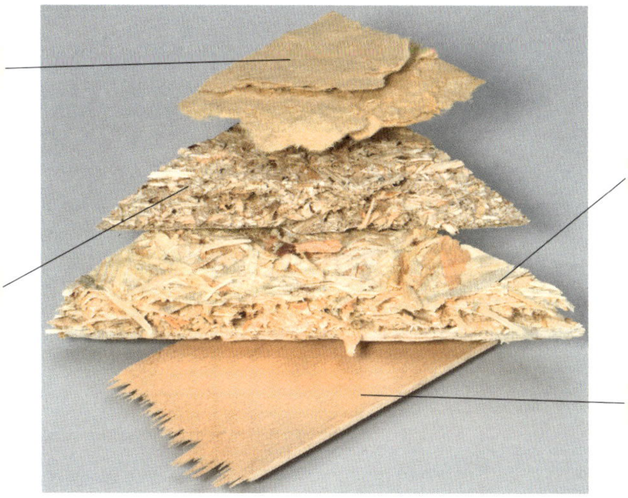

## 6.2 Kennzeichnung und Eigenschaften von Holzwerkstoffen

| Name: | Klasse: | Datum: | Blatt 2/4 |
|---|---|---|---|

**1.** Begründen Sie, indem Sie die folgenden Sätze vervollständigen, warum Holzwerkstoffe im Gegensatz zu Vollholz in der Fläche fast gar nicht quellen oder schwinden.

a) Sperrholz quillt oder schwindet kaum,

b) Span- und Faserplatten quellen oder schwinden in der Fläche kaum,

**2.** Wie nennt man den Holzwerkstoff aus dem die Rückenlehne des abgebildeten Stuhls besteht?

Antwort:

**3.** Warum bestehen Furniersperrhölzer aus einer ungeraden Anzahl von Schichten?

# 6.2 Kennzeichnung und Eigenschaften von Holzwerkstoffen

| Name: | Klasse: | Datum: | Blatt 3/4 |
|---|---|---|---|
| | | | |

1. Nennen Sie einige Verwendungsmöglichkeiten der folgenden Werkstoffe.

| Name | Wird verwendet für… |
|---|---|
|  Vollholzplatten SWP | |
|  Stäbchensperrholzplatten | |
|  Siebdruckplatten | |
|  SB-Faserplatte | |
|  OSB-Platten | |
|  Strangpress-Röhrenplatte | |

## 6.2 Kennzeichnung und Eigenschaften von Holzwerkstoffen

| Name: | Klasse: | Datum: | Blatt 4/4 |
|---|---|---|---|

**1.** Erläutern Sie die folgenden Kurzbezeichnungen von Holzwerkstoffen.

| Kennzeichnung | Erläuterung der Kennzeichnungen |
|---|---|
| OSB/4-18-E1 | |
| UL-MDF-22-E1 | |
| P5-16-E1 | |
| EN 636-3 G 18, II/II, E1 | |
| MFB EN 312 (HB) 5 E1 | |

**2.** Welche Gesundheits- und Umweltgefahren bestehen bei der Verarbeitung und Verwendung von Holzwerkstoffen?

Verarbeitung:

Verwendung:

**3.** Woraus bestehen dekorative Hochdruck-Schichtpressstoffplatten?

**4.** In welchen Bereichen des Möbel- und Innenausbaus kommen HPL-Beschichtungen zur Anwendung?

## 6.3 Holzwerkstoffe normgerecht darstellen

| Name: | Klasse: | Datum: | Blatt 1/2 |
|---|---|---|---|

**1.** Vervollständigen Sie die Abbildung.

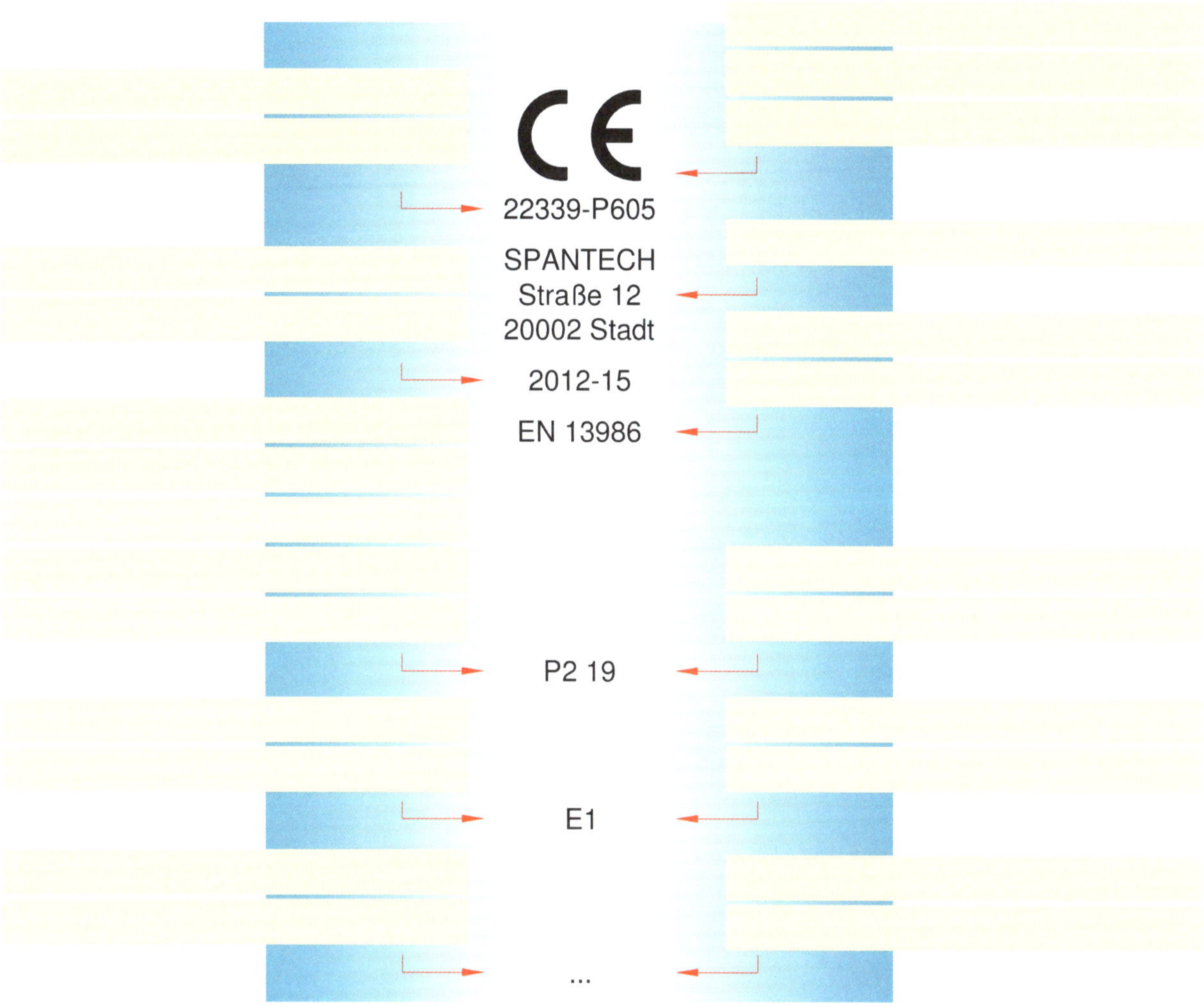


**2.** Nach welchen Normen werden Schraffuren und Linienarten in technischen Zeichnungen im Bereich der Holztechnik erstellt.

**3.** Welchen Maßstab wählen Sie, wenn Sie ein Detail für die Fertigung zeichnen.

**4.** Ermitteln Sie die zu zeichnenden **Längen (in mm)** für die vorgegebenen Maßstäbe.

| **Originallängen** (Maßstab 1 : 1) | **gezeichnete Längen im Maßstab (in mm)** | | | | | |
|---|---|---|---|---|---|---|
| | **1:2** | **1:5** | **1:8** | **1:10** | **1:25** | **3:1** |
| **200 mm** | | | | | | |
| **680 mm** | | | | | | |
| **30 cm** | | | | | | |
| **1,2 m** | | | | | | |
| **60 mm** | | | | | | |

## 6.3 Holzwerkstoffe normgerecht darstellen

| Name: | Klasse: | Datum: | Blatt 2/2 |
|---|---|---|---|

**1.** Schraffieren Sie folgende Holzwerkstoffe normgerecht nach DIN 919 und beschreiben Sie die Details im Textfeld.

a) allgemeine Schraffur für Holzwerkstoffe

Beschreibung:

b) Spanplatte für allgemeine Zwecke 19 mm stark

Beschreibung:

c) Stäbchenplatten für den Trockenbereich, Mittellage Hirnholz, 15 mm

Beschreibung:

d) fertig mit HPL beschichtete Spanplatte für den Feuchtraum 22 mm

Beschreibung:

# 7 Handwerkzeuge zuordnen
## 7.1 Handwerkzeuge zuordnen

| Name: | Klasse: | Datum: | Blatt 1/3 |
|---|---|---|---|

**1.** Welche Handwerkzeuge werden für welche Tätigkeiten eingesetzt? Ordnen Sie mithilfe von Linien zu.

Ein Fenster messen

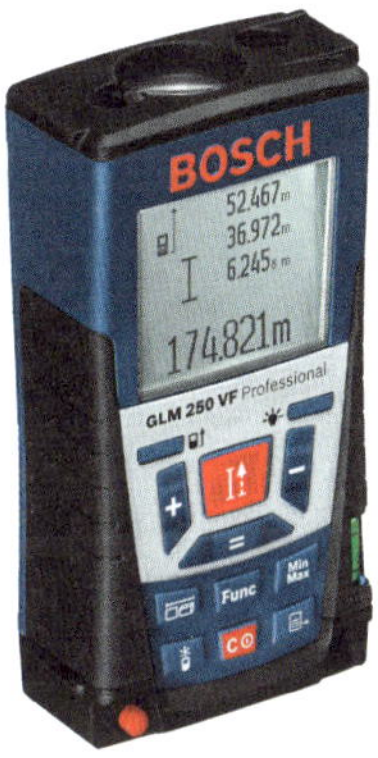


Überprüfen, ob ein Korpus rechtwinklig ist

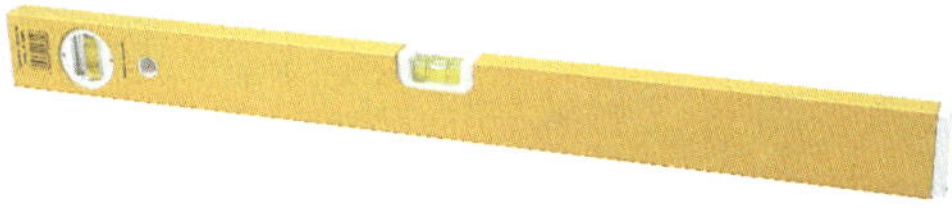

Ein rundes Loch ausschneiden

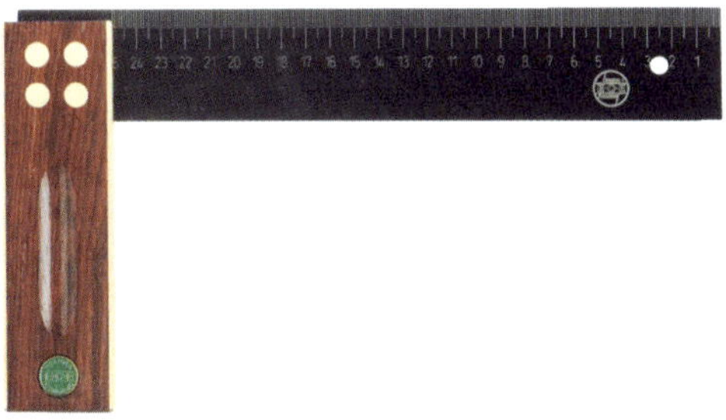

Einen Raum vermessen

Überprüfen ob ein Fenster im Lot steht

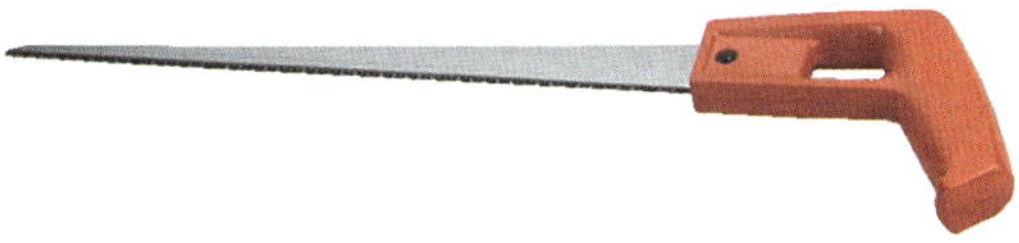

Ein Schlitz- und Zapfenverbindung anreißen

| 7.1 Handwerkzeuge zuordnen | | | |
|---|---|---|---|
| Name: | Klasse: | Datum: | Blatt 2/3 |

**1.** Welche Handwerkzeuge werden für welche Tätigkeiten eingesetzt? Ordnen Sie mithilfe von Linien zu.

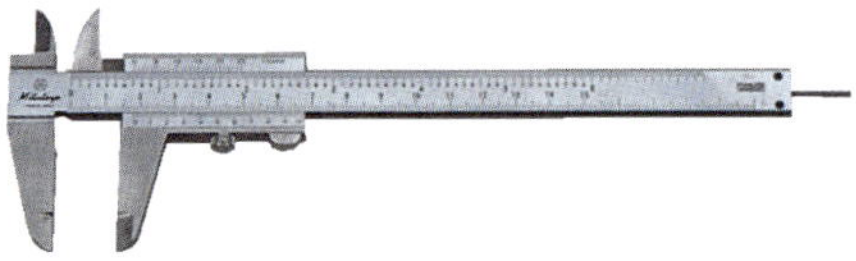

Ein dünnes Brett ablängen

Einlassen von Beschläge mit geraden Schnitten

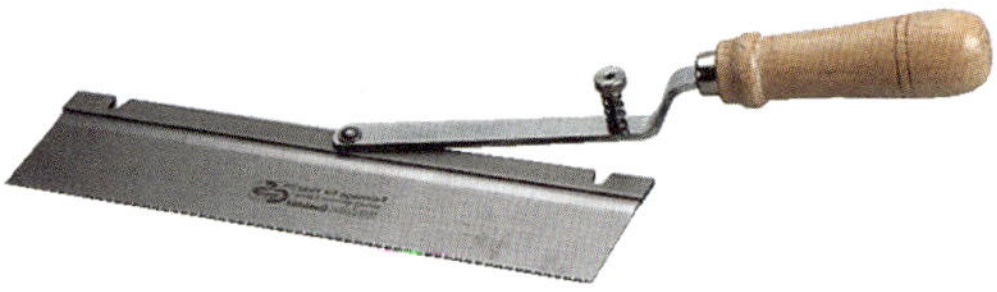

Ein durchgestemmter Zapfen soll gefertigt werden

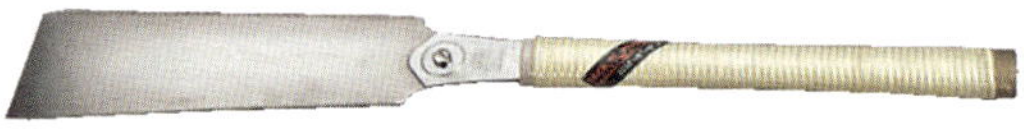

Eine Rahmeneckverbindung bündig putzen

Den Durchmesser eines Rundstabes ermitteln

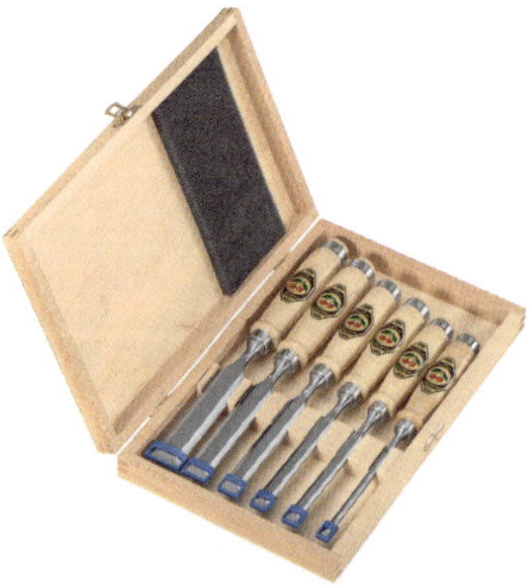

Die Kanten eines Balkens auf der Baustelle mit einer Fase verstehen

## 7.1 Handwerkzeuge zuordnen

| Name: | Klasse: | Datum: | Blatt 3/3 |
|---|---|---|---|

**1.** Erstellen Sie ein Mind-Map aller Ihnen bekannten Handwerkzeuge. Benennen Sie diese mit korrektem Namen.

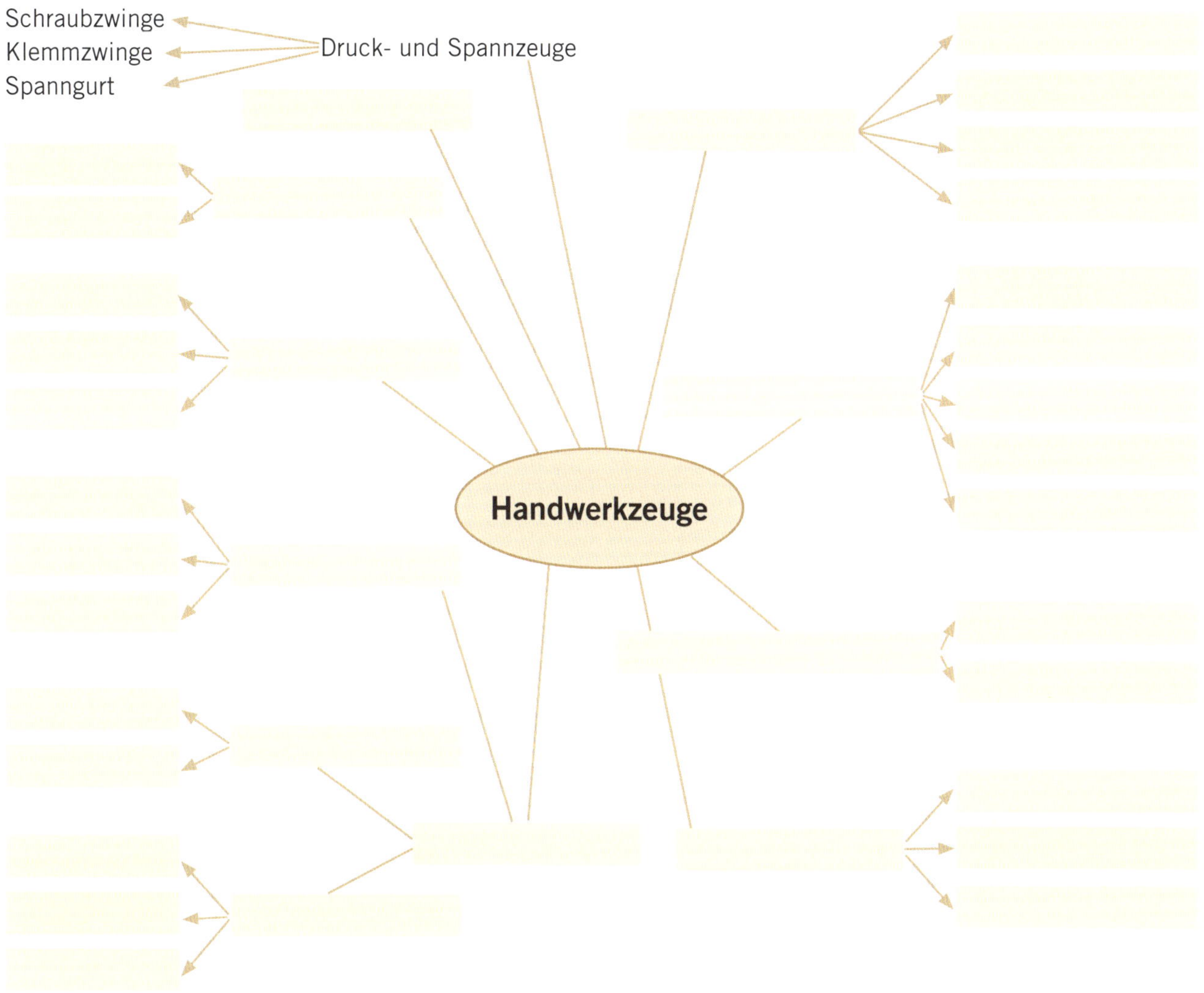


**2.** Suchen Sie für die folgenden Handwerkzeuge Verwendungsbeispiele:

| Handwerkzeug | Verwendungsmöglichkeiten |
|---|---|
| Schraubzwinge | |
| Klemmzwinge | |
| Spanngurt | |
| Raubank | |
| Reform-Putzhobel | |
| Doppelhobel | |

## 7.2 Mess- und Reißzeuge

| Name: | Klasse: | Datum: | Blatt 1/1 |
|---|---|---|---|

**1.** Bestimmen Sie den genauen Messwert des unten abgebildeten Messschiebers.

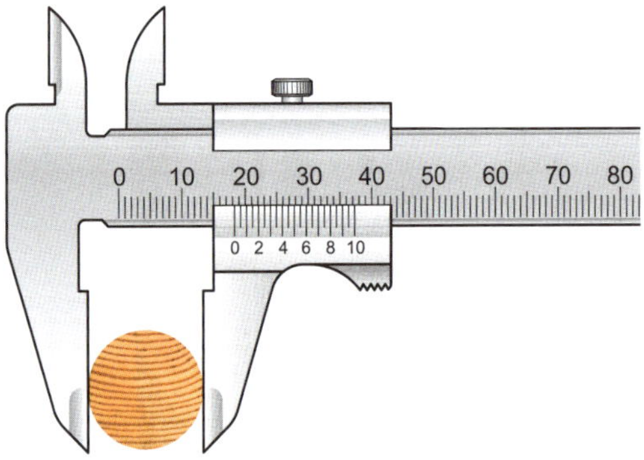


**2.** Rechnen Sie folgende Maße um.

15,6 cm = ______ m    14 mm = ______ cm    5 mm = ______ m

1,5 m = ______ dm    63 dm = ______ mm    7,5 cm = ______ dm

**3.** In welcher Basiseinheit werden Winkel gemessen.

**4.** a) Wofür werden Wasserwaagen verwendet?
b) Und welche Aufgabe erfüllt dabei die Libelle?

**5.** Beschriften Sie die Abbildung.

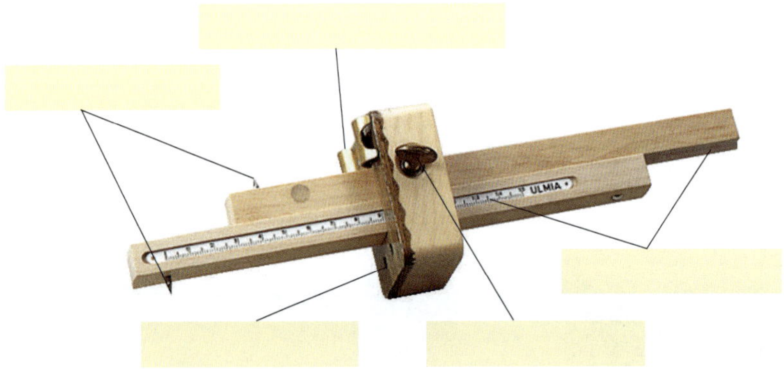

# 7.3 Handwerkzeuge zum Spanen

| Name: | Klasse: | Datum: | Blatt 1/4 |
|---|---|---|---|

**1.** Beschriften Sie die einzelnen Elemente des Handhobels.

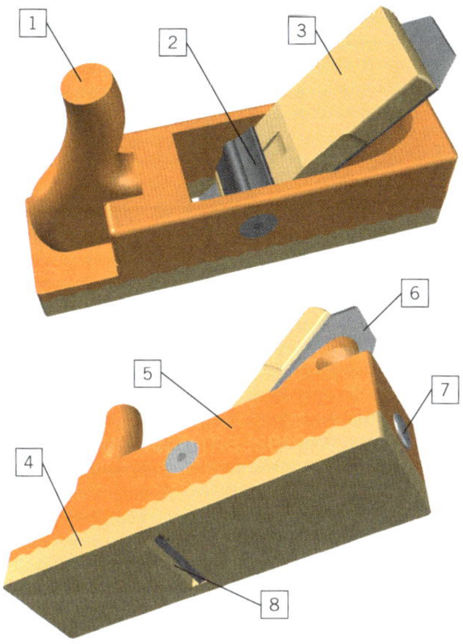


| | |
|---|---|
| 1 | |
| 2 | |
| 3 | |
| 4 | |
| 5 | |
| 6 | |
| 7 | |
| 8 | |

**2.** a) Geben Sie die Namen der einzelnen Winkel an.
b) Wie wird der Winkel des Spanraumes bezeichnet?

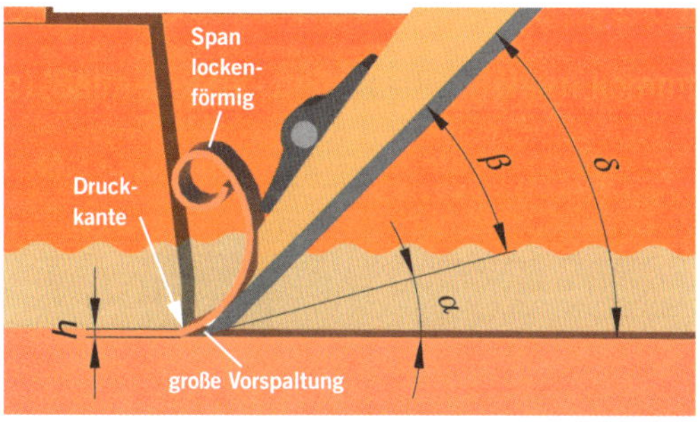


| | |
|---|---|
| $\alpha$ | |
| $\beta$ | |
| $\delta$ | |
| Winkel des Spanraums | |

**3.** Diskutieren Sie in der Klasse, welche Wirkung ein Winkel $\delta$ von 95 Grad hätte?

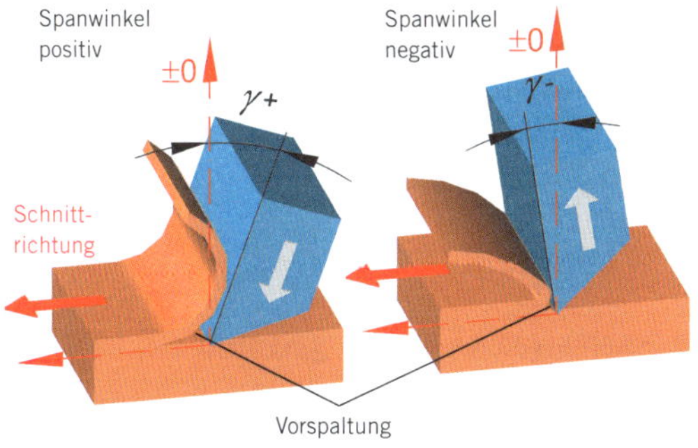


**4.** Ergänzen Sie die Bezeichnungen an der Absetzsäge.

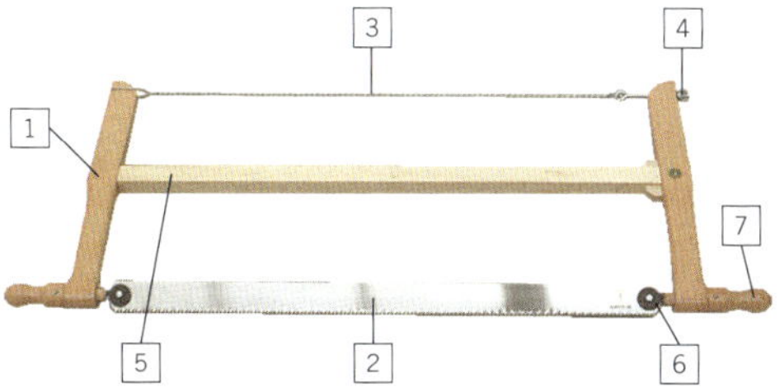


| | | | |
|---|---|---|---|
| 1 | | 5 | |
| 2 | | 6 | |
| 3 | | 7 | |
| 4 | | | |

## 7.3 Handwerkzeuge zum Spanen

| Name: | Klasse: | Datum: | Blatt 2/4 |
|---|---|---|---|

**1** Tragen Sie folgende Bezeichnung in die Abbildung ein:

Zahngrund | Freiwinkel $\alpha$ (alpha) | Zahnbrust | Zahnrücken

Spanwinkel $\gamma$ (gamma) | Keilwinkel $\beta$ (beta) | Schnittwinkel $\delta$ (delta)

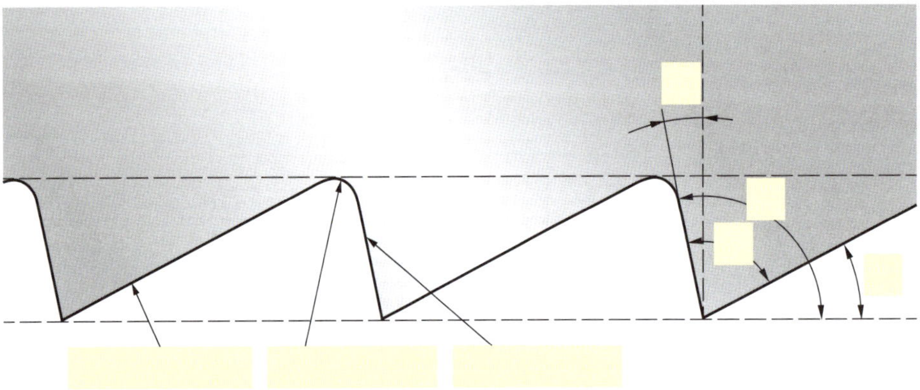

**2.** Geben Sie die Funktion der geometrisch bestimmten Schneiden an.

| Größe | Funktion |
|---|---|
| Schneidenbreite *b* | |
| Zahnteilung *t* | |
| Freiwinkel $\alpha$ | |
| Keilwinkel $\beta$ | |
| Schnittwinkel $\delta$ | |
| Eckenwinkel $\varepsilon$ | |
| Neigungswinkel $\lambda$ | |
| Spanwinkel $\gamma$ | |

## 7.3 Handwerkzeuge zum Spanen

| Name: | Klasse: | Datum: | Blatt 3/4 |
|---|---|---|---|

**1.** Mit welcher der folgenden Handsägen lässt sich die höchste **Schnittgüte** erreichen? Begründen Sie Ihre Auswahl.
Schlitzsäge
Absatzsäge
Feinsäge

**2.** Mit welcher der folgenden Handsägen lässt sich die höchste **Schnittleistung** erreichen? Begründen Sie Ihre Auswahl.
Schlitzsäge
Absatzsäge
Feinsäge

**3.** Warum sollten Sägen mit weiter Zahnteilung (grober Bezahnung) nicht zum Ablängen von Vollholz (*quer zur Faser*) verwendet werden?

**4.** Warum sollten (europäische) Feinsägen nicht für Längsschnitte in Vollholz (*längs zur Faser*) verwendet werden?

**5.** Welchen Vorteil haben **Gestellsägen** gegenüber **Heftsägen** mit Rücken?

**6.** Erläutern Sie den Begriff des **„Schränkens“** eines Sägeblattes.

**7.** Welche Sägefehler erzeugen
a) nicht geschränkte Sägeblätter?
b) ungleichmäßig oder nur einseitig geschränkte Sägeblätter?

## 7.3 Handwerkzeuge zum Spanen

| Name: | Klasse: | Datum: | Blatt 4/4 |
|---|---|---|---|

**1.** Ein Kunde bewundert bei ihrer Montagetätigkeit die Säge mit der Sie arbeiten.
Um welche Säge handelt es sich dabei?

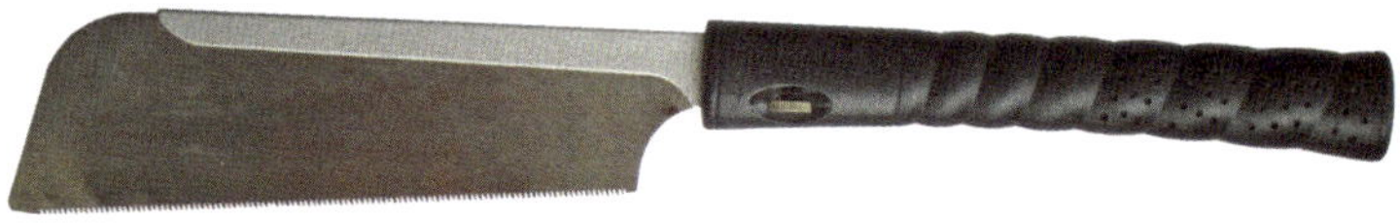

**2.** Erklären Sie die Besonderheiten japanischer Sägen.

**3.** Sie sind auf Montage. Der Kunde, für den Sie gerade Abdeckleisten mit einer japanischen Feinsäge Dozuki ablängen, blickt interessiert auf Ihre Säge. Er möchte gerne wissen, worin sich japanische von europäischen Sägen unterscheiden. Welche drei Unterschiede fallen Ihnen ein?

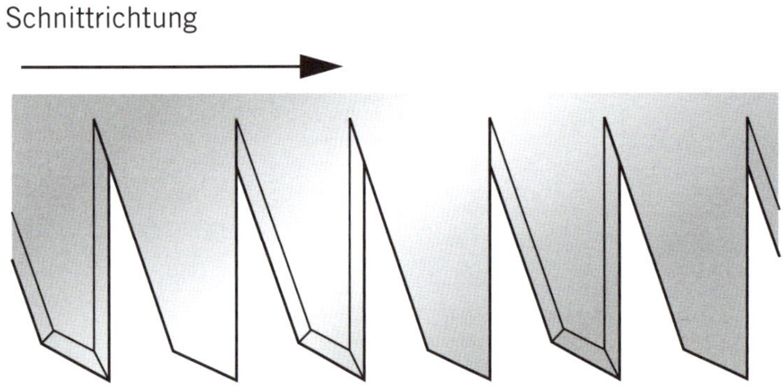


**4.** Der Kunde ist von der Säge so begeistert, dass er ebenfalls eine Säge kaufen möchte und fragt Sie nach dem Preis für eine solche Säge. Informieren Sie sich über Japansägen und deren Preise.

| Name: | Klasse: | Datum: | Blatt 1/1 |
|---|---|---|---|

**1.** Geben Sie die jeweiligen Winkel und die Bezeichnungen am Hobeleisen an.

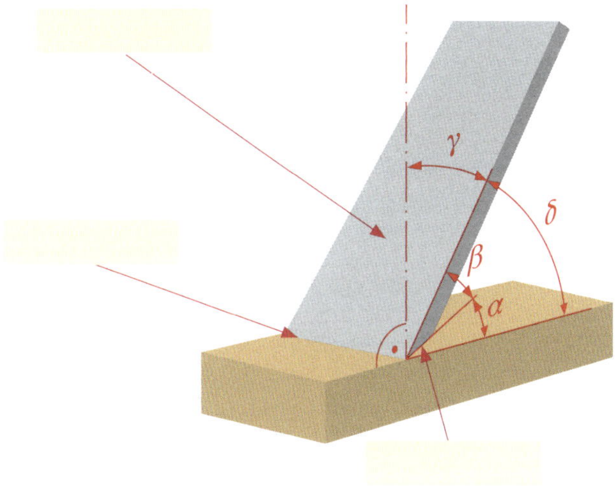


$\gamma$ („gamma“):

$\delta$ („delta“):

$\beta$ („beta“):

$\alpha$ („alpha“):

**2.** Erläutern Sie die Begriffe a) Vorschubgeschwindigkeit $v_f$ und b) Zahnvorschub $f_z$.

**3.** Ergänzen Sie in der Darstellung (rotierender Fräskörper) die jeweiligen Buchstaben für die unterschiedlichen Winkel!

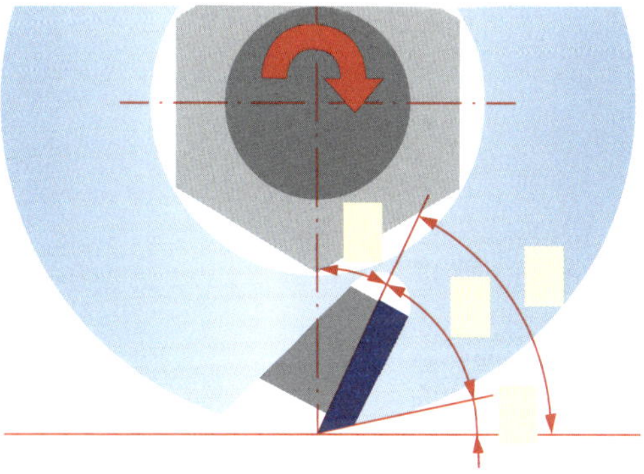

**4.** Was sind die Folgen von zu hohem bzw. zu niedrigem Zahnvorschub $f_z$?

## 8.2 Schnittgeschwindigkeit

| Name: | Klasse: | Datum: | Blatt 1/1 |
|---|---|---|---|

**1.** Geben Sie anhand des Diagramms die Schnittgeschwindigkeit an.
$n$ = 9000 1/min, Werkzeugdurchmesser 140 mm

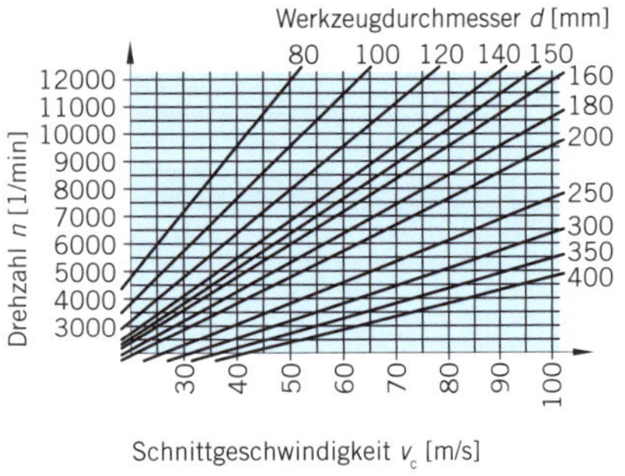


Lösung: $v_c$ =

**2.** Um eine bessere Vorstellung von der Geschwindigkeit zu bekommen, wandeln Sie die Schnittgeschwindigkeit von 53 m/s in km/h um!

**3.** Ein Kreissägeblatt mit einem Durchmesser von 250 mm wird mit einer Drehzahl von 6000 1/min betrieben. Wie groß ist die Schnittgeschwindigkeit?

$$v_c = \frac{d \cdot \pi \cdot n}{60\ [\text{s/min}]}$$

$d$ = 250 mm
$n$ = 6000 1/min
$v_c$ = ?

**4.** Es soll der Zuschnitt von Rohspanplatten erfolgen. Dazu wird eine Schnittgeschwindigkeit von 70 m/s benötigt. Welche Drehzahl muss für ein Kreissägeblatt mit einem Durchmesser von 300 mm eingestellt werden? Die Drehzahl kann auf 4000 1/min, 6000 1/min und 8000 1/min eingestellt werden.

$v_c$ = 70 m/s, $d$ = 300 mm, $n$ = ?

**5.** Wie groß ist mit der nun eingestellten Drehzahl die Schnittgeschwindigkeit?

## 8.3 Handmaschinen

| Name: | Klasse: | Datum: | Blatt 1/3 |
|---|---|---|---|

**1.** Schneiden Sie die Bilder auf Blatt 87 aus und kleben Sie diese an die richtige Position. Ergänzen Sie in der Tabelle die Bezeichnung der Handmaschinen, den jeweiligen Verwendungszweck und die Besonderheiten.

| Handmaschine | Verwendungszweck | Besonderheiten |
|---|---|---|
| | | • Schneidtiefe bis ca. 85 mm |
| Kappsäge | • zum Ablängen von Brettern, Latten und Leisten | |
| | | |
| | | |
| | | |

| Name: | Klasse: | Datum: | Blatt 2/3 |
| --- | --- | --- | --- |

**1.** Schneiden Sie die Bilder auf Blatt 87 aus und kleben Sie diese an die richtige Position. Ergänzen Sie in der Tabelle die Bezeichnung der Handmaschinen, den jeweiligen Verwendungszweck und die Besonderheiten.

| Handmaschine | Verwendungszweck | Besonderheiten |
| --- | --- | --- |
| | | |
| | | |
| | | |
| | | |
| | | |

## 8.3 Handmaschinen

| Name: | Klasse: | Datum: | Blatt 3/3 |
|---|---|---|---|

**1.** Schneiden Sie die Bilder auf Blatt 87 aus und kleben Sie diese an die richtige Position.
Ergänzen Sie in der Tabelle die Bezeichnung der Handmaschinen, den jeweiligen Verwendungszweck und die Besonderheiten.

| Handmaschine | Verwendungszweck | Besonderheiten |
|---|---|---|
| | | |
| | | |
| | | |
| | | |
| | | |

| 8.4 Holzbearbeitungsmaschinen | | | |
|---|---|---|---|
| Name: | Klasse: | Datum: | Blatt 1/2 |

**1.** Ergänzen Sie den Namen der Holzbearbeitungsmaschine, den Verwendungszweck und die Besonderheiten.

| Holzbearbeitungsmaschine | Verwendungszweck | Besonderheiten |
|---|---|---|
| <br>Formatkreissäge | | |
|  | | • platzsparend |
|  | • Abrichten von Breitflächen<br>• Abrichten von Kanten, Winkelkante zur Breitfläche<br>• Fasen, Schmiegen von Kanten | |
|  | | |
|  | | |
| 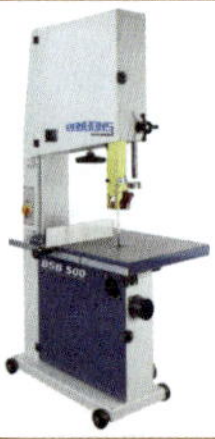 | | |

## 8.4 Holzbearbeitungsmaschinen

| Name: | Klasse: | Datum: | Blatt 2/2 |
|---|---|---|---|

1. Ergänzen Sie den Namen der Holzbearbeitungsmaschine, den Verwendungszweck und die Besonderheiten.

| Holzbearbeitungsmaschine | Verwendungszweck | Besonderheiten |
|---|---|---|
| 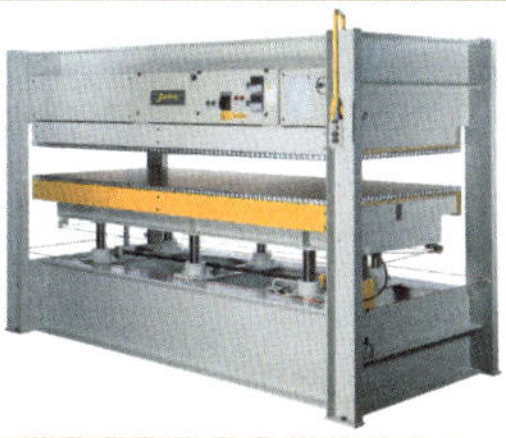 | | |
| 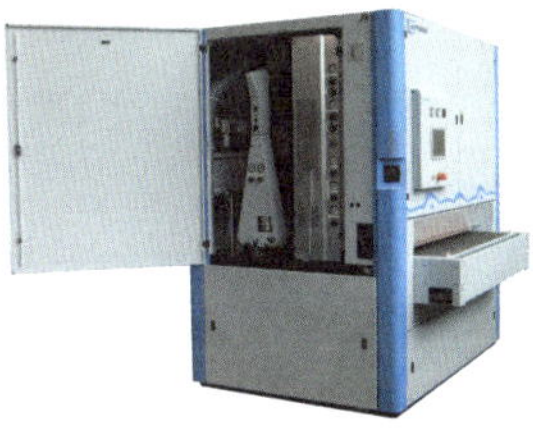 | | |
| 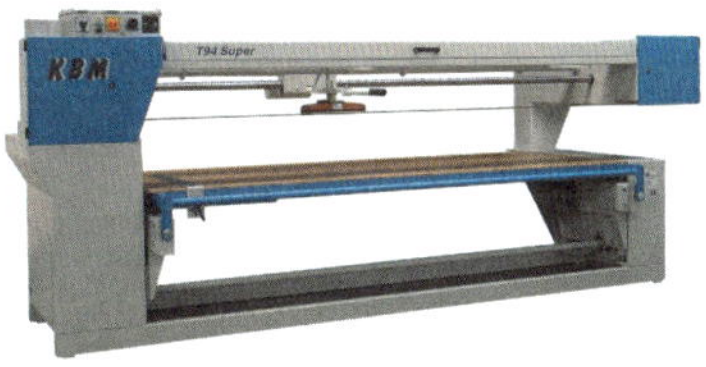 | | |
| 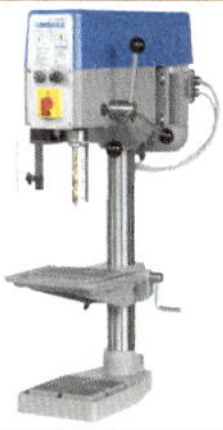 | | |
|  | | |
|  | | |

## 8.5 Antriebe von Maschinen

| Name: | Klasse: | Datum: | Blatt 1/1 |
| --- | --- | --- | --- |

**1.** Beschriften Sie das Bild und geben Sie stichwortartig an, wie Sie eine neu gewählte Drehzahl an der dargestellten Maschine einstellen.

**2.** Der Motor einer Hobelmaschine treibt die motorseitige Scheibe mit 4000 1/min an. Die Antriebsscheibe hat einen Durchmesser von 120 mm, die getriebene Scheibe hat einen Durchmesser von 80 mm. Mit welcher Drehzahl dreht sich die getriebene Welle?

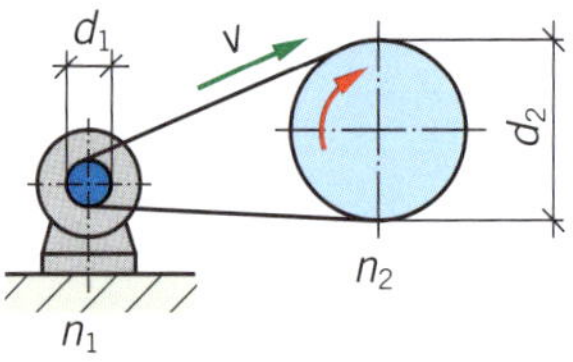


$n_1 = 4000$ 1/min
$d_1 = 120$ mm
$d_2 = 80$ mm
$n_2 = ?$

$n_1 \cdot d_1 = n_2 \cdot d_2$

**3.** Ein Kreissägeblatt $d_{Welle} = 230$ mm darf mit einer Drehzahl bis 8000 1/min eingesetzt werden. Der Riemen liegt auf der Antriebsscheibe mit dem Durchmesser 250 mm. Die Antriebswelle ist momentan auf eine Drehzahl von 8000 1/min eingestellt.

a) Kann das Kreissägeblatt eingesetzt werden?
b) Was ist evtl. zu tun?

a) $d_1 = 250$ mm
$d_2 = 230$ mm
$n_{2max} = 8000$ 1/min
$n_1 = 8000$ 1/min

b)

## 8.6 Tischkreissägemaschinen

| Name: | Klasse: | Datum: | Blatt 1/1 |
|---|---|---|---|

**1.** Ergänzen Sie in der Abbildung die jeweiligen Bezeichnungen.

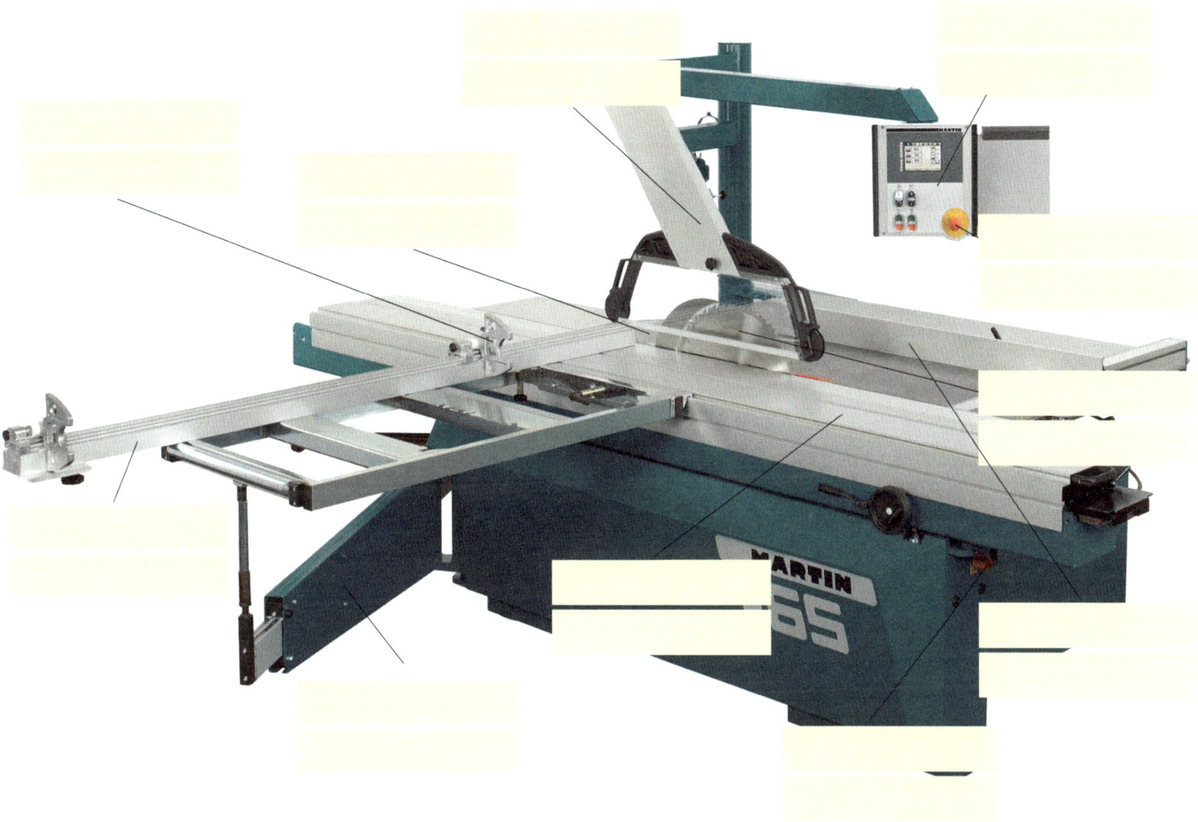

**2.** Geben Sie die Bedeutungen der Aufschriften an.

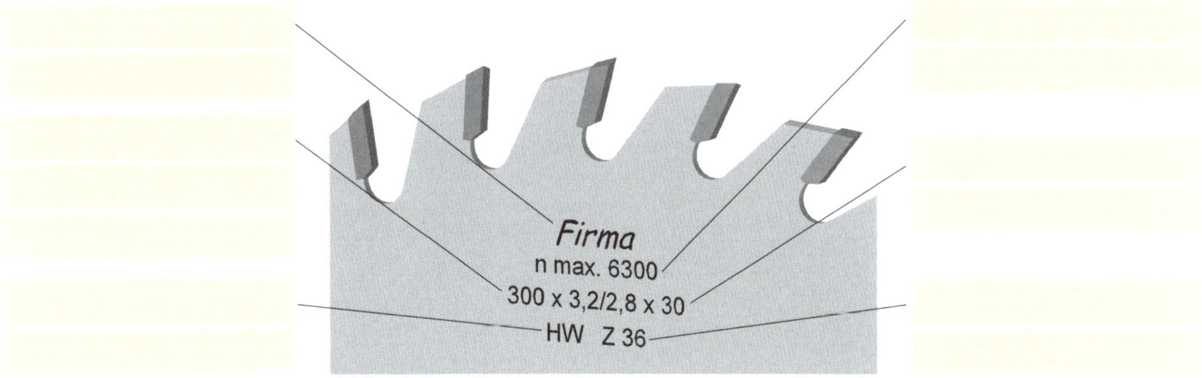


**3.** Füllen Sie den Lückentext mit Hilfe der Abbildung aus.

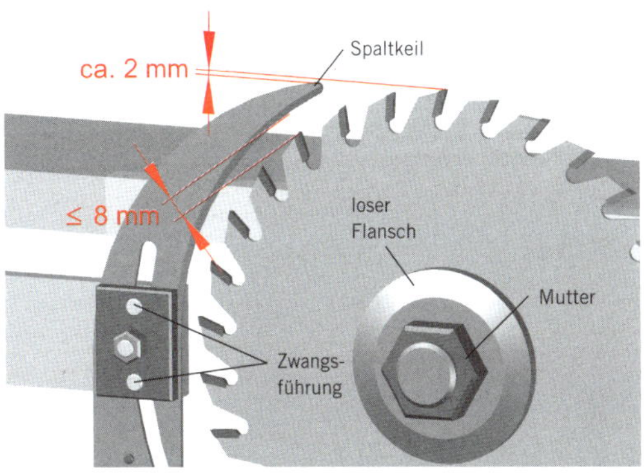


Der __________ muss zwangsgeführt sein, z. B. mithilfe von Sicherheitsstiften. Der Abstand des Spaltkeils zum Sägeblatt darf nur __________ betragen. Die Höhe des Spaltkeils soll __________ unterhalb der Schneidenflugkreishöhe für Verdecktschnitte betragen. Die __________ muss zwischen Stammblattdicke und Schnittfugenbreite liegen, da sonst das Werkstück nur bis zum __________ geführt werden könnte.

## 8.7 Handkreissägemaschinen

| Name: | Klasse: | Datum: | Blatt 1/1 |
| --- | --- | --- | --- |

**1.** Bezeichnen Sie die Teile an der Handkreissägemaschine.

**2.** Welche Zubehörteile bei der Verwendung der Handkreissäge werden im Bild links dargestellt?

**3.** Geben Sie Hinweise für den Umgang mit der Handkreissäge.

## 8.8 Hobelmaschinen

| Name: | Klasse: | Datum: | Blatt 1/1 |
|---|---|---|---|

**1.** Ergänzen Sie die Bezeichnungen.

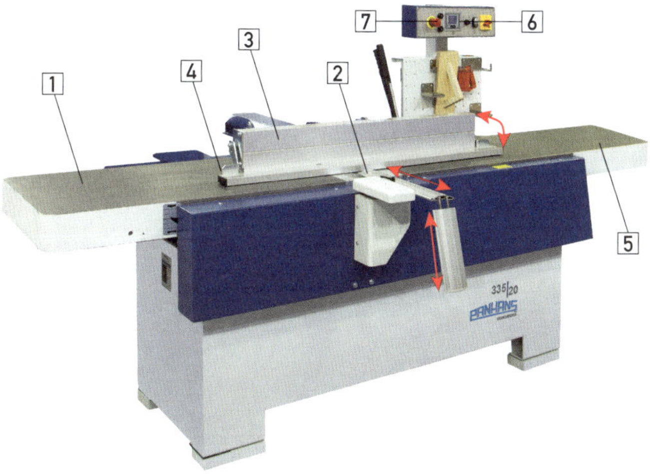


| | |
|---|---|
| 1 | |
| 2 | |
| 3 | |
| 4 | |
| 5 | |
| 6 | |
| 7 | |

**2.** Was ist hier falsch?

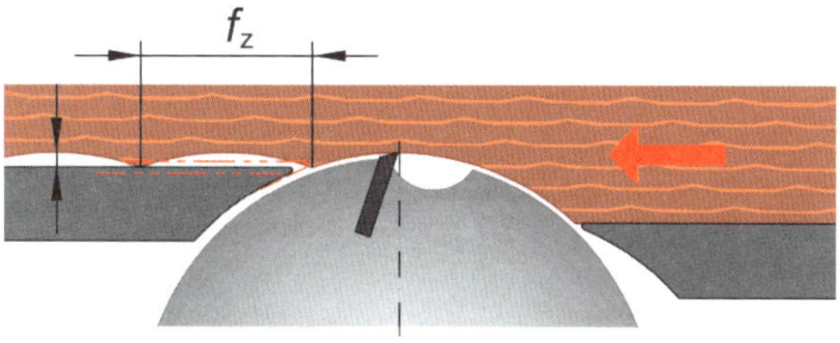


**3.** Welche Bauarten von Messerwellen unterscheidet man?

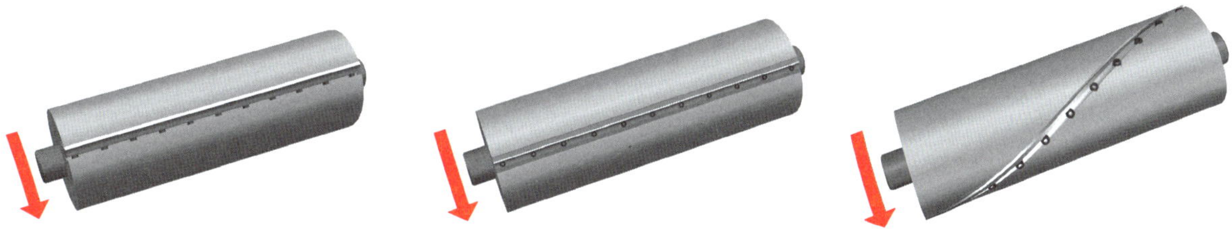

**4.** Berechnung des Messerschlagbogens:
Eine Messerwelle ist mit zwei Messern bestückt. Die Drehzahl beträgt 8000 1/min, sie schieben das Holz mit einer Vorschubgeschwindigkeit von 12 m/min. Wie groß ist der Zahnvorschub $f_z$ (siehe Abb. Auf. 2 oben)?

## 8.9 Tischfräsmaschinen

| Name: | Klasse: | Datum: | Blatt 1/1 |
|---|---|---|---|

**1.** Bezeichnen Sie die Teile an der Tischfräsmaschine.

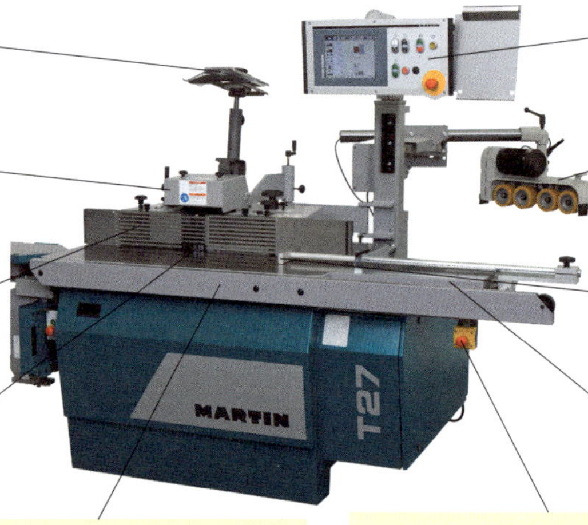


**2.** Ergänzen Sie die Begriffe in den Abbildungen.

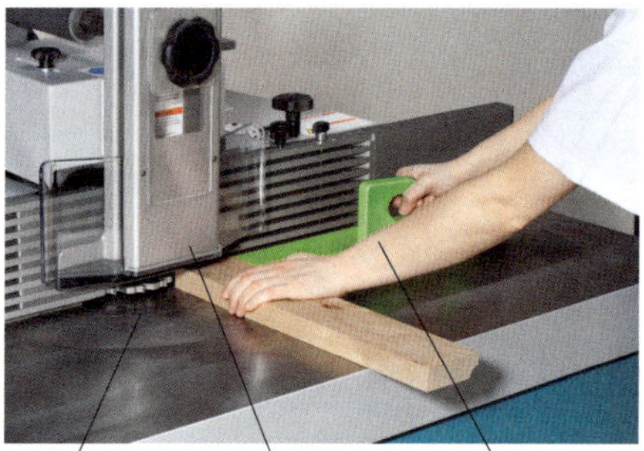

**3.** Arbeitsregeln für das Arbeiten mit einem Vorschubapparat. Füllen Sie die Lücken des Textes aus.

Der Vorschubapparat muss aus _______________ immer eingesetzt werden, wo es möglich ist.
Einstellung:

- 5° zur _______________ (zum Anpressen an Parallelanschlag)
- 3–5 mm niedriger als Werkzeugdicke (Anpressdruck _______________ an Maschinentisch)

**4.** Geben Sie an, welche Bedeutung die einzelnen Angaben haben.

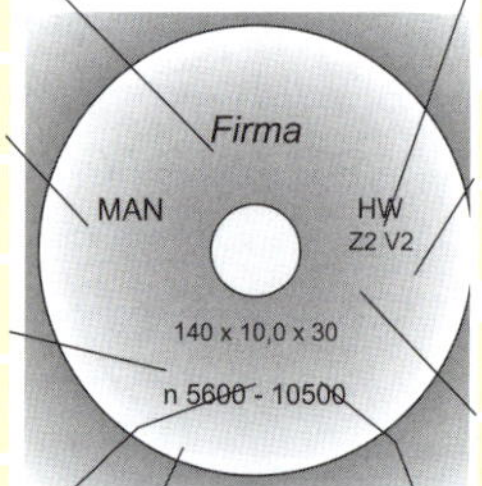

# 9 Elektrotechnik

## 9.1 Stromkreis und Leistung

| Name: | Klasse: | Datum: | Blatt 1/1 |
|---|---|---|---|
| | | | |

Der einfache Stromkreislauf (***Wechselstrom:*** ~) stellt sich wie folgt dar:

**1.** Ergänzen Sie die fehlenden Kurzzeichen.

Stromfluss

Spannungsquelle mit **Wechselstrom** (AC), (Steckdose mit 230 V)

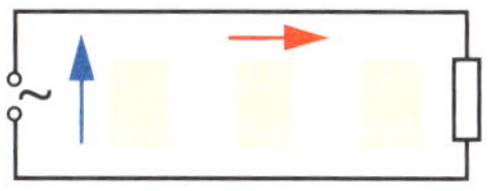

Widerstand (Lampe, …)

**2.** Den wichtigsten Zusammenhang zwischen der Spannung, dem Strom und dem Widerstand stellt das Ohmsche Gesetz dar. Ergänzen Sie die Formel, die Kurzzeichen, sowie die dazugehörigen Einheiten.

Ohmsches Gesetz (Formel):

Bedeutung der Kurzzeichen: $U$: $R$: $I$:

zugehörige Einheit:

**3.** Für den Verbrauch von elektrischer Energie im Betrieb oder im eigenen Haushalt (Kühlschrank, …) ist die **Leistung (P)** des jeweiligen Gerätes entscheidend (z. B. Föhn: 1 200 Watt (W), Kühlschrank 200 kWh/Jahr, usw.). Finden Sie weitere Beispiele und geben sie die Bedeutung der Kurzzeichen in der Formel an.

$P = U \cdot I$

| Beispiele: | Bedeutung des Formelzeichens: | Einheit: |
|---|---|---|
| | | |
| | $P$: | W: |
| | $U$: | V: |
| | $I$: | A: |
| | | |

**4.** Berechnen Sie:
Die Spannung beträgt 230 V. Der Widerstand soll 10 Ω betragen.
Wie groß ist die Stromstärke?

**5** Berechnen Sie:
Ein Föhn benötigt eine Leistung von 1 200 W.
Die Spannung beträgt 230 V. Wie viel Strom fließt?

## 9.2 Elektrische Arbeit

| Name: | Klasse: | Datum: | Blatt 1/1 |
| --- | --- | --- | --- |

Um nun den „verbrauchten Strom“, der am Elektrizitätszähler angezeigt wird, berechnen zu können, benötigt man eine weitere Formel, nämlich die Formel für die ***elektrische Arbeit (W)***.
Außerdem wird noch der Preis benötigt, den das Versorgungsunternehmen für eine **kWh** berechnet.

**1.** Informieren Sie sich über den Strompreis in Ihrer Region.

**2.** Ergänzen Sie die Formel der elektrischen Arbeit, das jeweilige Kurzzeichen und die dazugehörige Einheit.

| Formel: | Bedeutung des Formelzeichens: | Einheit: |
| --- | --- | --- |
| | *W*: | kWh: |
| | *P*: | W: |
| | *t*: | h: |

Bleiben wir bei dem Beispiel Föhn.

**3.** Wie viel kWh verbrauchen Sie durch das Föhnen (ca. 8 min)?

Zudem erfahren Sie, dass ihr Versorgungsunternehmen 0,30 € für die kWh berechnet.

**4.** Wie teuer ist also das Haareföhnen?

**5.** Berechnen Sie nun die Kosten für die elektrische Arbeit, wenn eine Abrichte ($P_{\text{Abrichte}}$ = 5.500 W = 5,5 kWh) 7 Stunden am Tag läuft.

**6.** Die monatlichen Stromverbrauchskosten (20 Arbeitstage) belaufen sich dann auf:

## 9.3 Gleichspannung

| Name: | Klasse: | Datum: | Blatt 1/1 |
|---|---|---|---|

Der einfache Stromkreislauf (***Gleichstrom:*** –) stellt sich wie folgt dar:

**1.** Ergänzen Sie die Zeichen an der Spannungsquelle.

Stromfluss

Spannungsquelle mit (**12 V, 24 V,** ...)

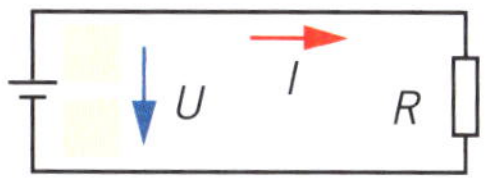


Widerstand (Lampe, ...)

**2.** Womit wird Gleichspannung erzeugt?

**3.** Da z. B. LED-Leuchten im Küchenbereich nicht mit 230 V betrieben werden können, muss ein sogenannter Transformator verwendet werden. Welche Aufgabe hat ein Transformator?

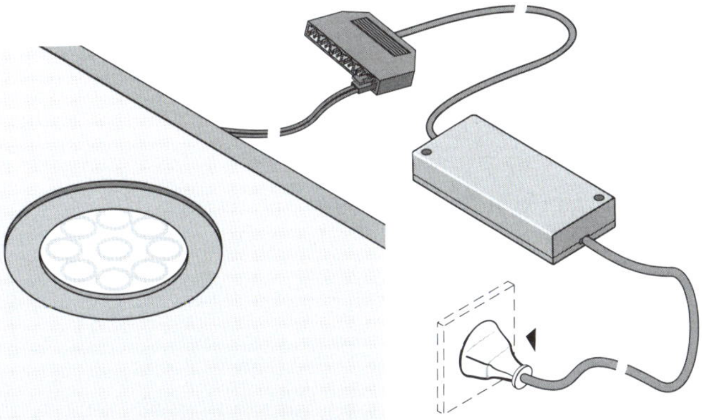

**4.** Wie groß ist der Widerstand bei einem einzubauenden LED-Leuchten mit 20 W bei einer Spannung von 12 V?

| Name: | Klasse: | Datum: | Blatt 1/1 |
|---|---|---|---|

**1.** Warum bläst sich ein Luftballon eigentlich auf, und warum wird es immer schwerer ihn aufzublasen?

| | |
|---|---|
| Ist das Material der Außenhaut stabil, baut sich im Inneren ein ______ . | Betrachtet man einen kleinen Ausschnitt wirkt eine ______ auf eine ______ . |
| 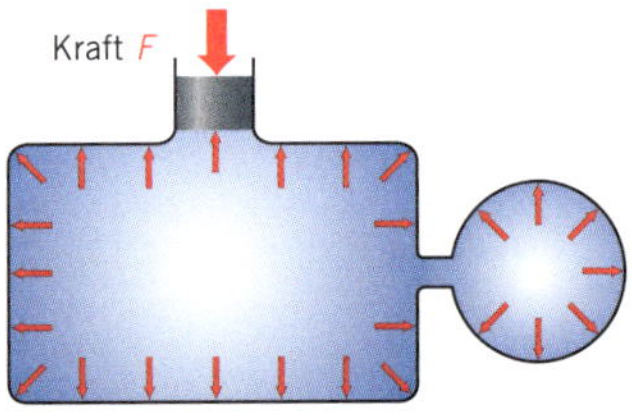 | 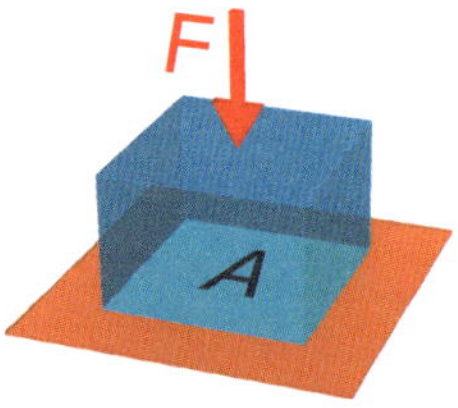 |

Bei hydraulischen bzw. pneumatischen Anlagen erfolgt die Kraftübertragung mit Hilfe von Flüssigkeiten (z. B. ______ ) bzw. mit Hilfe von Gasen (z. B. ______ ). ______ haben den Vorteil, dass sie sich praktisch nicht zusammendrücken lassen.

**2.** Ergänzen Sie die Bezeichnungen der Kurzzeichen.

$$p = \frac{F}{A}$$

Druck = ______ / ______

**3.** Am Beispiel der **Fensterrahmenpresse**, die mit Luftdruck betrieben wird, betrachten wir einen einzelnen Druckluftzylinder. Ergänzen Sie die Darstellung rechts.

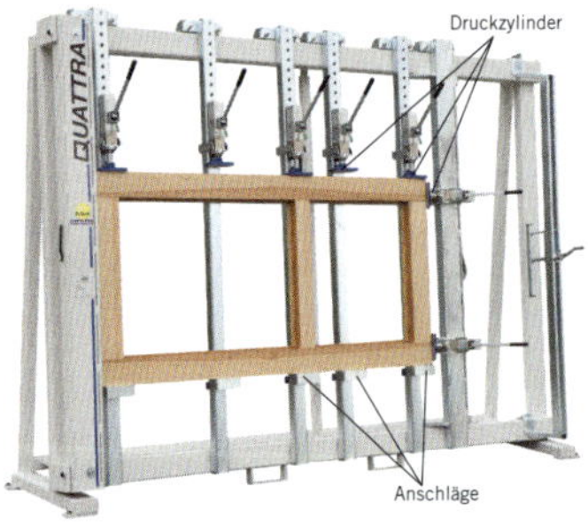


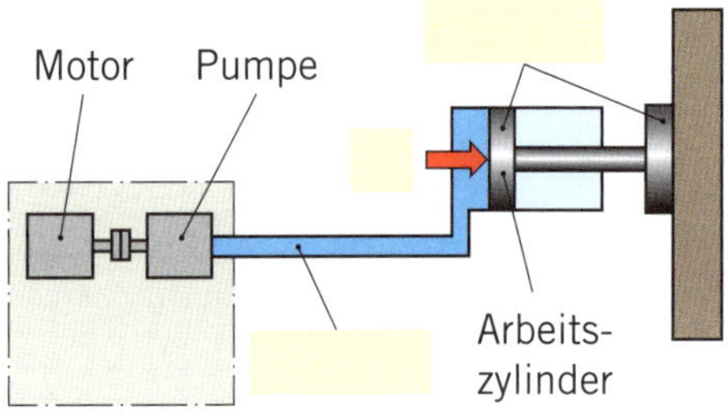


**4.** Für die Verleimung von Rahmenhölzern wird eine Kraft von 13 N (1 Zylinder) gefordert. Der Durchmesser des Kolbens, der auf das Fensterholz drückt, beträgt 10 cm. Wie hoch muss der Druck im System bei einem Druckluftzylinder eingestellt werden, wie hoch bei 7 Druckluftzylindern? Diskutieren Sie das Ergebnis.

$p = \frac{\quad}{\quad} = \frac{\quad}{\quad} = \quad$ entspricht ______ bar

$p = \frac{\quad}{\quad} = \quad$

## 10.2 Hydraulik (Furnierpresse)

| Name: | Klasse: | Datum: | Blatt 1/2 |
|---|---|---|---|

**1.** Ergänzen Sie die Bezeichnungen.

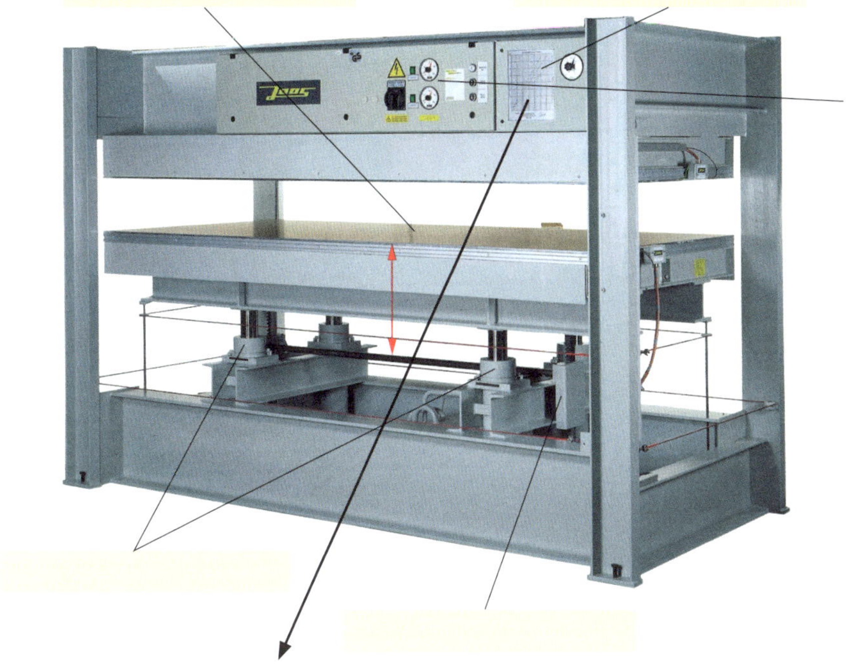

Eingabe von:

- 
- 
- 

$p_1$: Manometerdruck
$p_2$: Werkstückpressdruck
$A_1$: Kolbenfläche = nicht veränderbar
$A_2$: Werkstückfläche

**2.** Bestimmen Sie mit Hilfe des Diagrammes den einzustellenden Manometerdruck in bar:

- Werkstückpressdruck (Vorgabe des Leimherstellers für die Verleimung):

$0{,}25\ \text{N/mm}^2 =$ ______ $\text{N/cm}^2$

$=$ ______ bar

- Werkstückfläche: $A = 1{,}6\ \text{m}^2$

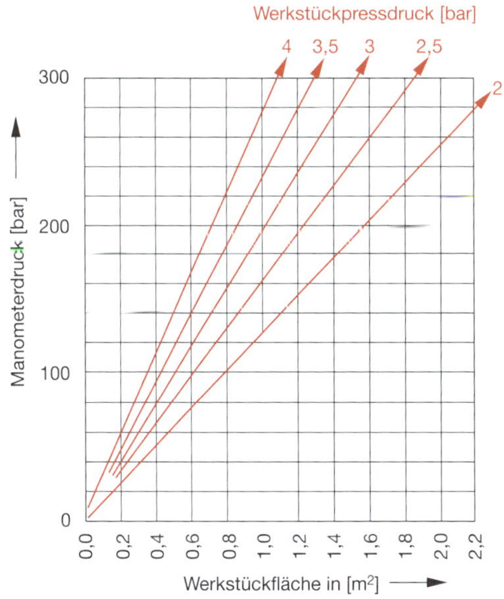


Der einzustellende Manometerdruck beträgt:

**3.** Welche hydraulisch betriebenen Anlagen und Geräte kennen Sie aus Ihrem Arbeitsumfeld?

**4.** Auch für z. B. Fensterpressen mit einer zu übertragenden Kraft gelten die gleichen Zusammenhänge. Statt $p$ wird nur die Kraft $F$ eingesetzt. Setzen Sie die vorgegebenen Begriffe in den Text ein:

- Manometerdruck
- Werkstückfläche
- Werkstückpressdruck
- Kolbenfläche

Die Kraft $F_1$ wird über den ______ eingestellt.

Die Fläche $A_1$ stellt die ______ dar.

Die Kraft $F_2$ erzeugt den ______.

Die Fläche $A_2$ ist die ______.

# 10.2 Hydraulik (Furnierpresse)

| Name: | Klasse: | Datum: | Blatt 2/2 |
|---|---|---|---|

**1.** Ergänzen Sie die Formeln und berechnen Sie die Aufgaben.

| **Darstellung** | **Aufgabenstellung** | **Formel** | **Berechnung** |
|---|---|---|---|
| 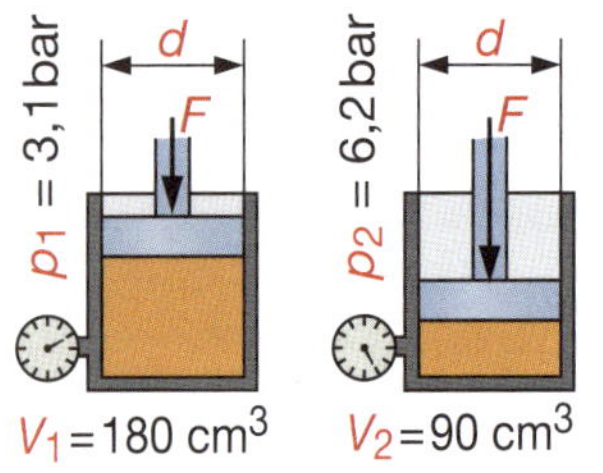 | Wie groß ist die Kraft $F_1$ bzw. $F_2$?<br>∅ = 5 cm | | |
| 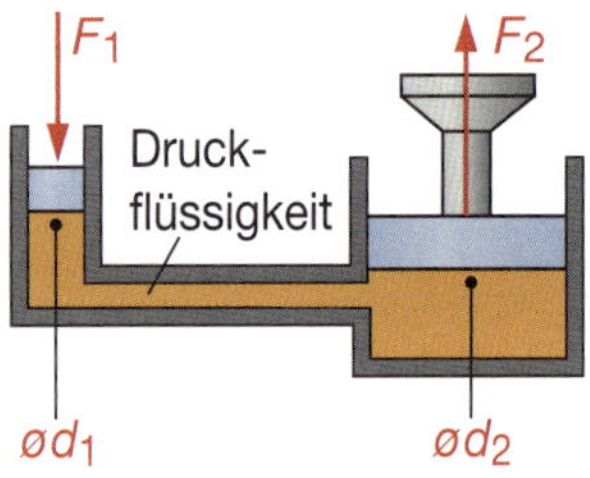 | Berechnen Sie die Kraft $F_1$.<br>$F_2$ = 30 N<br>$∅_1$ = 4 cm<br>$∅_2$ = 8 cm | | |
| 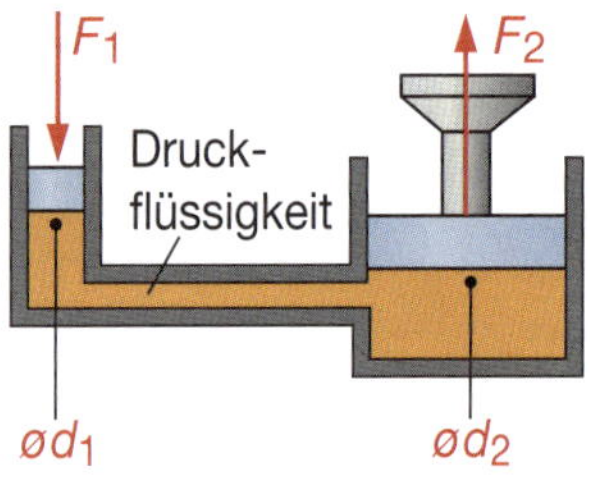 | Berechnen Sie die Fläche $A_2$.<br>$F_1$ = 12 N<br>$F_2$ = 30 N<br>$∅_1$ = 4 cm | | |
| 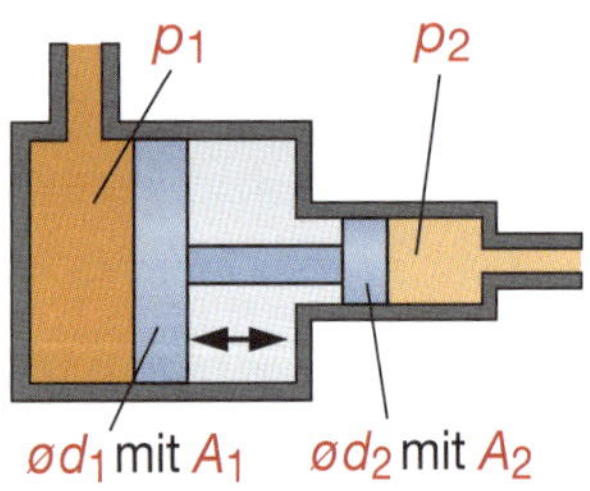 | Berechnen Sie die Fläche $A_1$.<br>$p_1$ = 3 bar<br>$p_2$ = 16 bar<br>$A_2$ = 4 cm$^2$ | | |
| 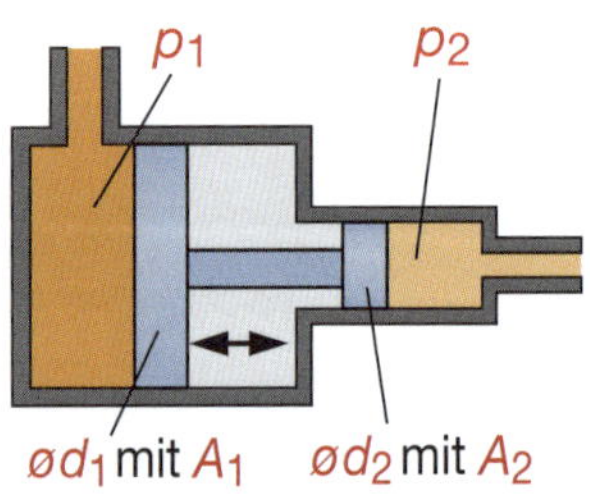 | Berechnen Sie den Druck $p_2$.<br>$p_1$ = 3 bar<br>$A_1$ = 36 cm$^2$<br>$A_2$ = 4 cm$^2$ | | |

# 11 Verbindungstechniken
## 11.1 Breitenverbindungen

| Name: | Klasse: | Datum: | Blatt 1/1 |
|---|---|---|---|

**1.** Geben Sie Bezeichnung der Verbindung und Beispiele für deren Anwendung an.

| Abbildung | Bezeichnung | Anwendung |
|---|---|---|
|  | | |
|  | | |
|  | | |
|  | | |
|  | | |
| 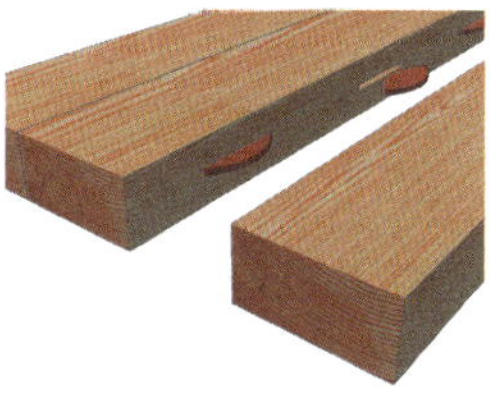 | | |
|  | | |

## 11.2 Korpuseckverbindungen

| Name: | Klasse: | Datum: | Blatt 1/3 |
|---|---|---|---|

**1.** Schneiden Sie die Abbildungen auf Blatt 89 aus und kleben Sie sie, nach dem Schwierigkeitsgrad der Fertigung, in die Tabelle.
Geben Sie die Bezeichnung der Verbindung und Beispiele für deren Anwendung an.

| Verbindung | Bezeichnung | Anwendung |
|---|---|---|
| | | |
| | | |
| | | |
| | | |

## 11.2 Korpuseckverbindungen

| Name: | Klasse: | Datum: | Blatt 2/3 |
|---|---|---|---|

1. Schneiden Sie die Abbildungen auf Blatt 89 aus und kleben Sie sie, nach dem Schwierigkeitsgrad der Fertigung, in die Tabelle.
   Geben Sie die Bezeichnung der Verbindung und Beispiele für deren Anwendung an.

| Verbindung | Bezeichnung | Anwendung |
|---|---|---|
| | | |
| | | |
| | | |
| | | |

## 11.2 Korpuseckverbindungen

| Name: | Klasse: | Datum: | Blatt 3/3 |
|---|---|---|---|

**1.** Ergänzen Sie die Bezeichnungen.

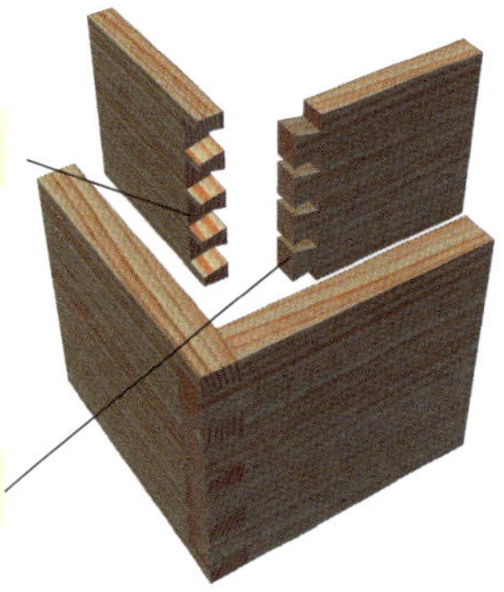

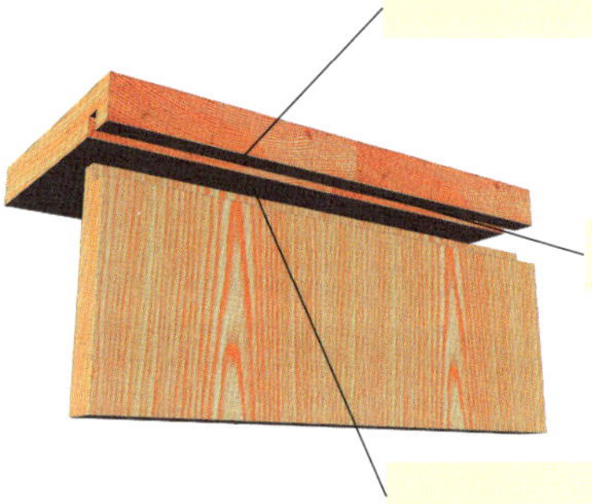

**2.** Zeichnen Sie die Schwalben und Zinken in die Vorgabe ein.

$$\text{Anzahl der Schwalbenschwänze (auf ganze Zahl auf- bzw. abrunden)} = \frac{\text{Brettbreite}}{1{,}5 \cdot \text{Brettdicke}}$$

Anzahl der Schwalben · 2
+ Anzahl der Zinken
**Gesamtanzahl der Teile**

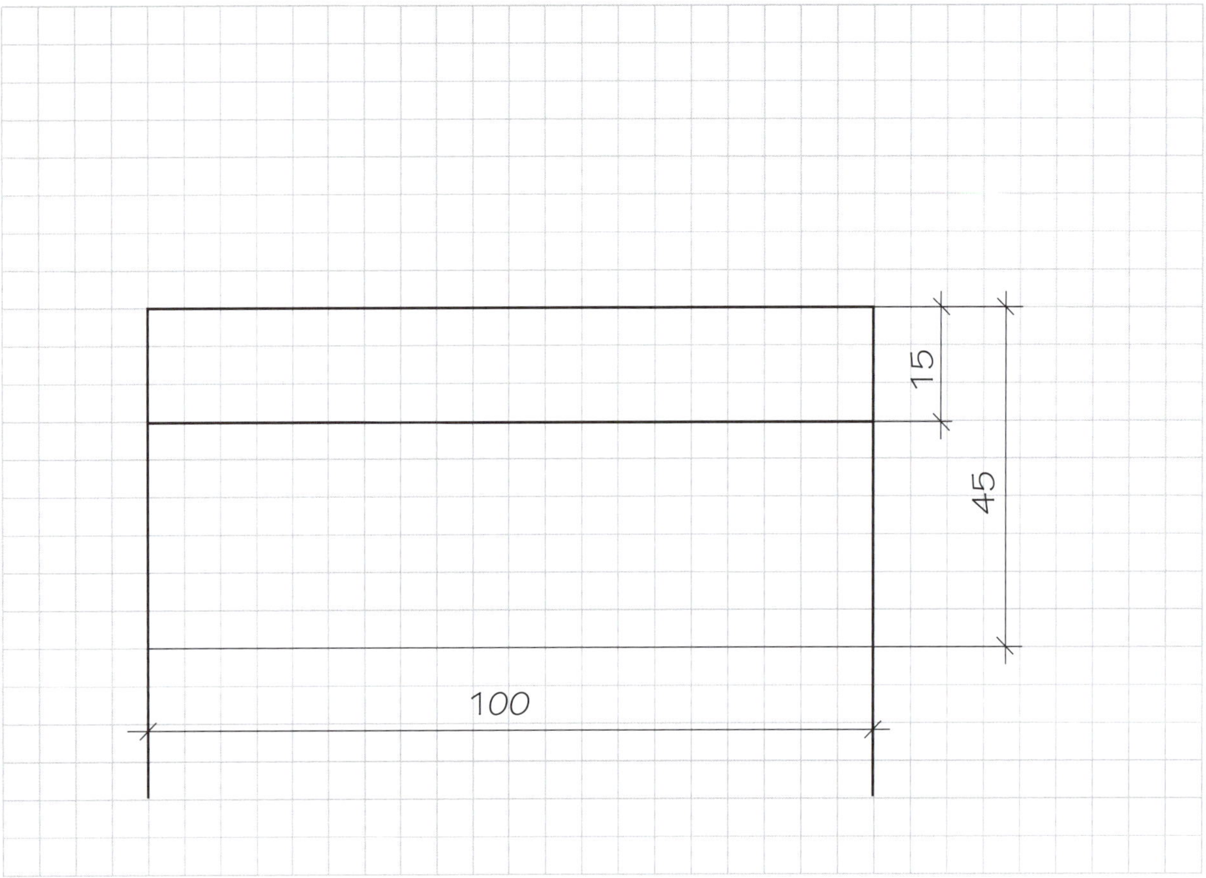


**3.** Nennen Sie drei formschlüssige Zinkenverbindungen

# 11.3 Rahmeneckverbindungen

| Name: | Klasse: | Datum: | Blatt 1/2 |
|---|---|---|---|

**1.** a) Geben Sie die Bezeichnungen der jeweiligen Rahmenhölzer an.

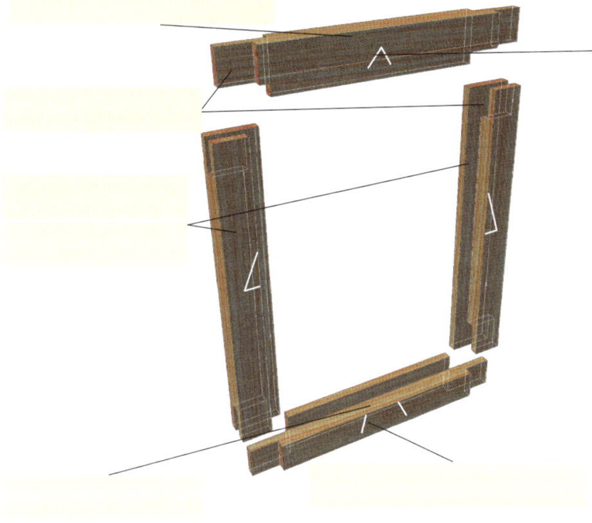

b) Was erkennen Sie auf den Hölzern?

c) Zeichnen Sie die vier Werkzeichen hier nochmals ein.

**2.** Die einfachste Rahmeneckverbindung ist die einfache Schlitz- und Zapfenkonstruktion. Überlegen Sie, wie die Zeichnung dieser Rahmeneckverbindung (obere linke Ecke) in der Dreitafel-Projektion aussehen könnte.

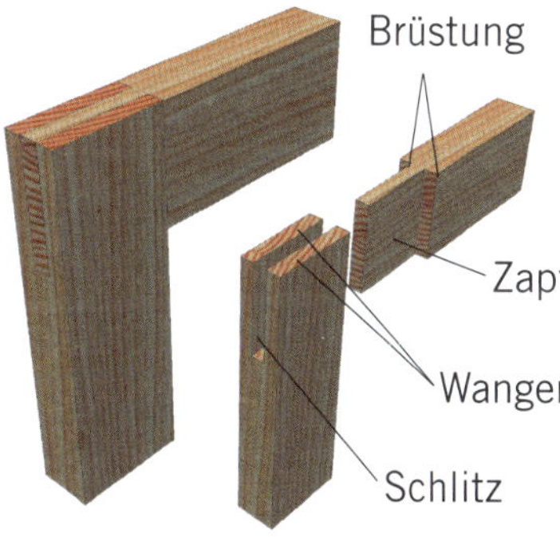


einfache Schlitz- und Zapfenverbindung

## 11.3 Rahmeneckverbindungen

| Name: | Klasse: | Datum: | Blatt 2/2 |
|---|---|---|---|

**1.** Erstellen Sie die Zeichnung für die dargestellte Schlitz- und Zapfenkonstruktion mit Falz in der Dreitafelprojektion.

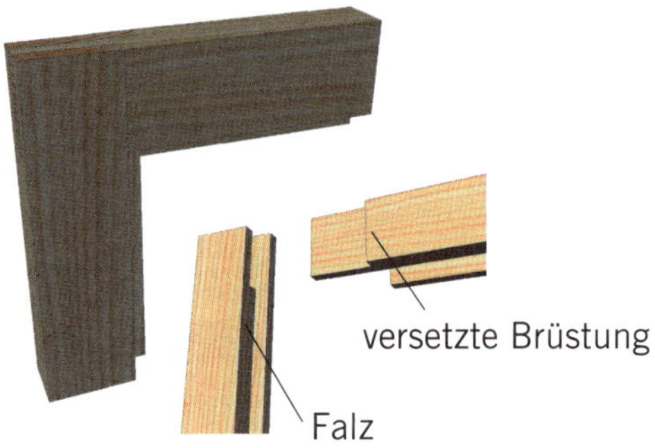


Schlitz- und Zapfenverbindung mit Falz

## 11.4 Verbindungsmittel

| Name: | Klasse: | Datum: | Blatt 1/1 |
|---|---|---|---|

**1.** Geben Sie jeweils die fachlich richtige Bezeichnung an.

| Nägel und Holzschrauben | | | |
|---|---|---|---|
| | von der Kopfform: | | von der Kopfform: |
|  | | 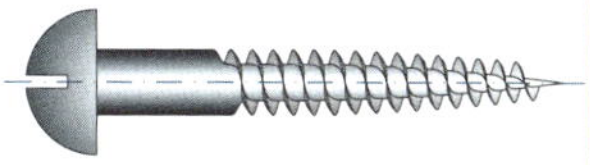 | |
| 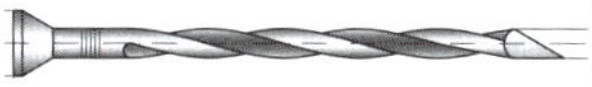 | | 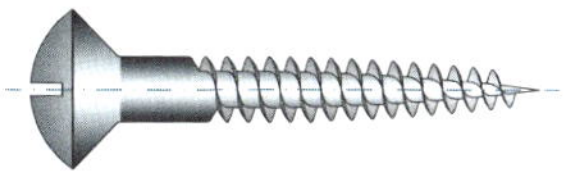 | |
|  | |  | |
| 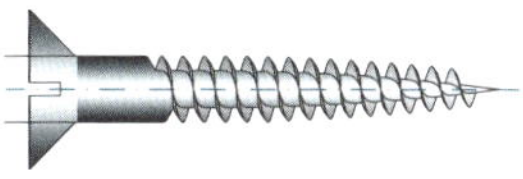 | | 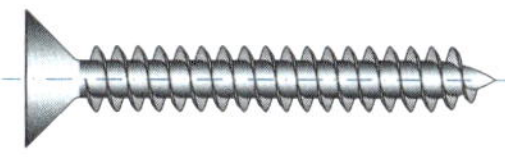 | |

| Kopfform nach der Werkzeugaufnahme | | | | |
|---|---|---|---|---|
| | | | | |
| 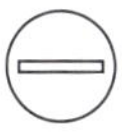 |  |  |  |  |

| Verbindungselemente | | | | |
|---|---|---|---|---|
| | | | | |
| 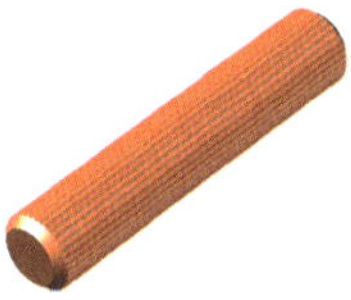 |  |  |  |  |

| Verbindungsbeschlag | | | |
|---|---|---|---|
| | | | |
|  |  |  | 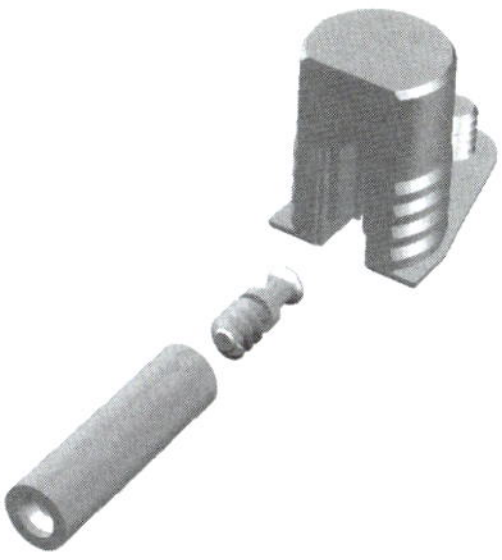 |

# 12 Kleben und Klebstoffe
## 12.1 Klebverbindungen

| Name: | Klasse: | Datum: | Blatt 1/1 |
|---|---|---|---|

**1.** Vergleichen Sie die Klebstofffuge mit Wasser in einem Glas. Beobachten Sie insbesondere die Randzone.
a) Warum zieht sich das Wasser am Rand des Glases (linke Abb.) nach oben?
b) Warum formt sich Wasser zu einer Kugel auf einer heißen Herdplatte?

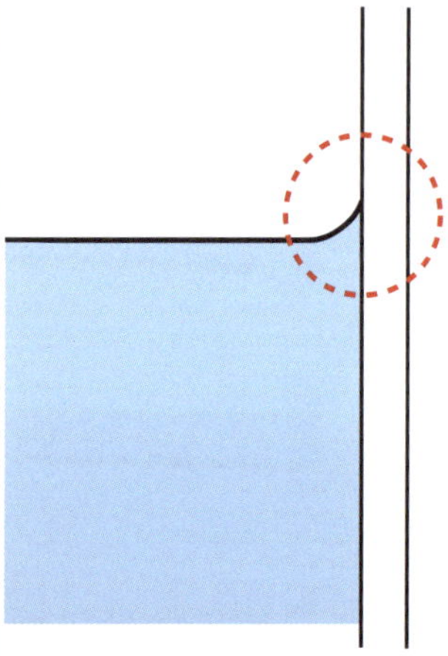

**2.** Wo wirken Adhäsions- und Kohäsionskräfte? Beschriften Sie die Abbildung.

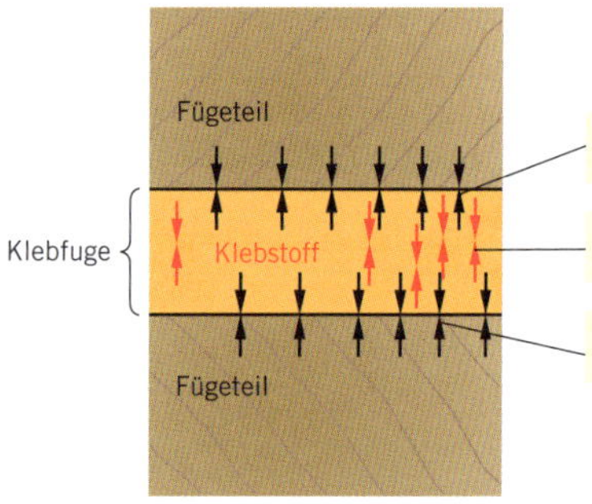


**3.** Welche Voraussetzungen muss eine Klebfuge erfüllen, um eine optimale Haftung zu gewährleisten? Nennen Sie drei Begriffe.

Eine einwandfreie Klebfuge muss …

sein.

**4.** Warum müssen Holzflächen für eine Verleimung staub- und fettfrei sein? Kreuzen Sie die richtige Antwort an.

| | |
|---|---|
| a | Damit die Kohäsionskräfte der Leimmoleküle wirken können. |
| b | Weil Fett und Staub die Abbindung des Leimes wesentlich beeinträchtigen. |
| c | Damit die Flächen ausreichend benetzt werden können und eine ausreichende Adhäsion zwischen Holz und Leim stattfinden kann. |
| d | Damit sich keine Leimwülste oder starke Erhebungen ergeben. |

## 12.2 Beanspruchungsgruppen

| Name: | Klasse: | Datum: | Blatt 1/1 |
|---|---|---|---|

**1.** Die Dauerhaftigkeit von Klebstoffen wird nach DIN EN 204 in Beanspruchungsgruppen D1, D2, D3 und D4 unterschieden. Erläutern Sie in der Tabelle, was diese Beanspruchungsgruppen aussagen, bzw. welche klimatischen Bedingungen der Klebstoff benötigt.

| Beanspruchungsgruppe | Klimatische Bedingungen |
|---|---|
| D1 | |
| D2 | |
| D3 | |
| D4 | |

**2.** Sortieren Sie die verschiedenen Klebstoffarten in die Tabelle und fügen Sie die Beanspruchungsgruppen D1–D4 und die jeweiligen Abkürzungen hinzu.

Polyurethan-Leim Harnstoff-Formaldhydharz Phenolformaldehyharz-Leim
Weißleim Schmelzkleber Weißleim mit Härter-Zugabe

| Anwendungsbeispiel | Kleber-Bezeichnung | Abkürzung | Beanspruchungs-gruppe D1–D4 |
|---|---|---|---|
| Verleimen von Bilderrahmen | | | |
| Rahmenhölzer einer Haustür verleimen | | | |
| Herstellung von Holzwerkstoff-Platten | | | |
| Kantenanleimmaschine | | | |
| Flächenverleimung einer Küchen-Arbeitsplatte aus Vollholz | | | |
| Furnierleim für erhöhte Feuchte- und Temperaturbelastung | | | |

## 12.3 Verarbeitung von Klebstoffen

| Name: | Klasse: | Datum: | Blatt 1/1 |
|---|---|---|---|

**1.** Die meisten Klebstoffe werden gebrauchsfertig geliefert. Einige Klebstoffe müssen vor der Verarbeitung angesetzt werden. Bei der Verarbeitung sind bestimmte Zeiträume zu beachten. Verbinden Sie die Begriffe mit den Definitionen.

| | |
|---|---|
| Geschlossene Wartezeit | Zeitspanne zwischen dem Ansetzen und der Gebrauchsfähigkeit des Klebstoffs. |
| Reifezeit | Maximale Zeitspanne, die nach dem Klebstoffauftrag bis zum Zusammenbringen der Teile verstreichen darf. |
| Topfzeit | Zeitspanne der Verwendbarkeit des verarbeitungsfähigen Klebstoffs. |
| Offene Wartezeit | Maximale Zeitspanne, die nach dem Zusammenbringen der Teile bis zum Erreichen des vollen Pressdrucks verstreichen darf. |

**2.** Auf einer Gebrauchsanweisung lesen Sie: „Topfzeit 30 Minuten". Was heißt das für Ihren Arbeitsprozess? Kreuzen Sie die richtige Antwort an.

a) Die Leimflotte muss innerhalb von 30 Minuten nach dem Ansetzen verbraucht werden.

b) Die Leimflotte muss mindestens 30 Minuten im Leimtopf ziehen, bevor sie verwendet wird.

c) Härter und Leim müssen mindestens 30 Minuten lang gemischt werden, ehe die Leimflotte gebrauchsfertig ist.

d) Der Zeitunterschied zwischen dem Auftrag des Leimes und des Härters darf höchstens 30 Minuten betragen.

**3.** Ihr Meister beauftragt Sie eine Leimflotte von 3 kg für D4-Verleimungen anzusetzen.
Der Hersteller gibt das Mischungsverhältnis mit 100:5 Gewichtsteilen an.
a) Wie viel kg PVAC-Kleber müssen angesetzt werden?
b) Wie viel g Härter müssen eingesetzt werden?

# 13 Kunststoffe
## 13.1 Aufbau und Arten von Kunststoffen

| Name: | Klasse: | Datum: | Blatt 1/1 |
|---|---|---|---|
| | | | |

**1.** Zeichnen Sie die allgemeine Molekülstruktur des jeweiligen Kunststoffes in die Kästchen und geben Sie die Art der Vernetzung an.

| | **Plastomere (Thermoplaste)** | **Duromere** | **Elastomere** |
|---|---|---|---|
| Molekül-struktur | | | |
| Vernetz-ung | | | |

**2.** Welcher Kunststoff gehört wozu (ergänzen Sie mit Pfeilen)?

Zuordnung

Polypropylen (PP)

Polysulfidkautschuk (SR)

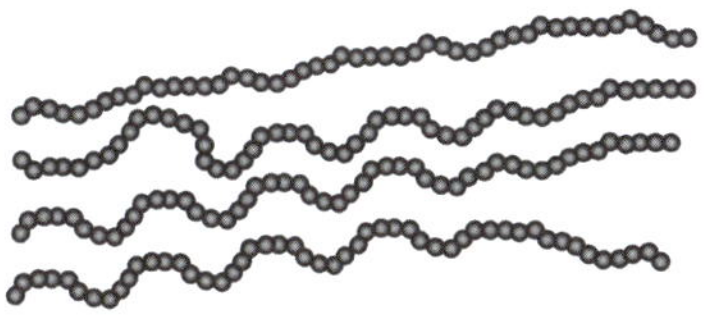

Polyethylen (PE)

Polyamid (PA)

Harnstoff-Formaldehydharz (UF)

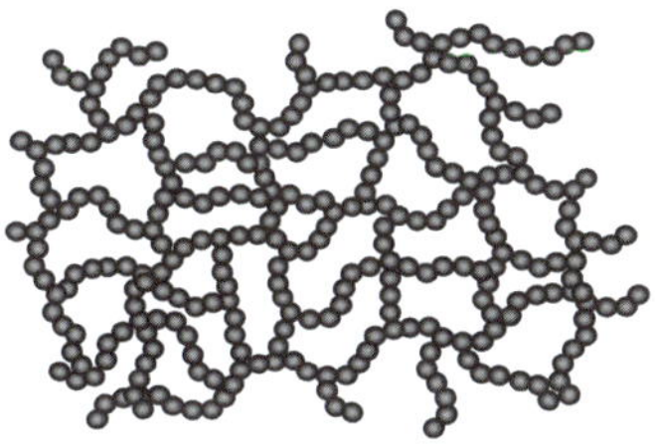

Acrylesterkautschuk (ACM)

Melamin-Formaldehydharz (MF)

Polystyrol (PS)

Siliconkautschuk (SI)

Epoxidharz (EP)

Polycarbonal (PC)

Polymethylmethacrylat (PMMA)

Polyester (UP)
gesättigt
ungesättigt

Polyvinylacetat (PVAC)

Polyurethan (PUR)

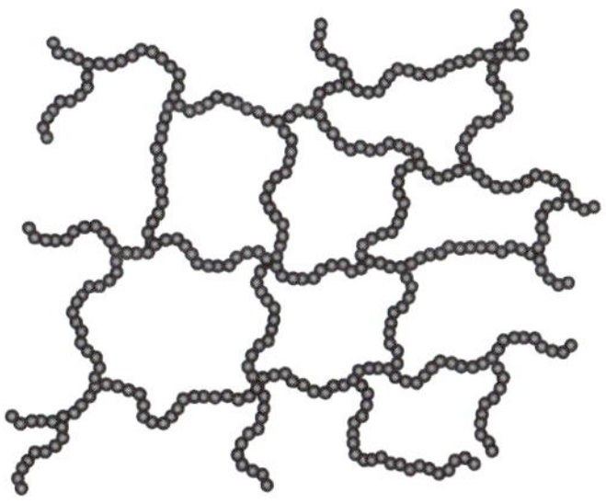

Polyvinylchlorid (PVC)

Phenol-Formaldehydharz (PF)

Polychloropren (PCB)

## 13.2 Anwendungen von Kunststoffen

| Name: | Klasse: | Datum: | Blatt 1/1 |
|---|---|---|---|

Fertigung eines Kunststofffensters.

1. Um welchen Kunststoff handelt es sich?

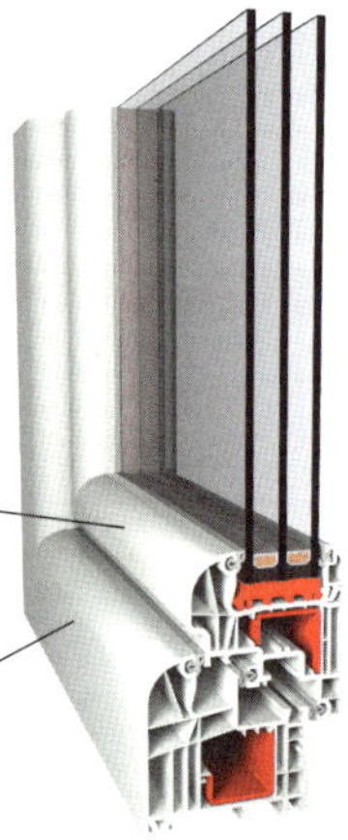


2. Auf Grund der Umweltverträglichkeit wurden Fensterprofile auf der Basis welches Kunststoffes entwickelt?

2. Beschreiben Sie den Vorgang des „Spiegelschweißverfahrens“.

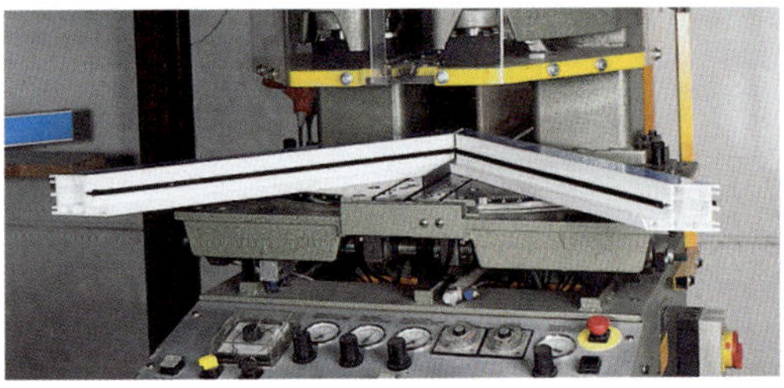

3. Mit welchem Sägeblatt werden die Kunststoffprofilstangen zugeschnitten?

4. Können die Dichtungen mit verschweißt werden?

5. Mit welchem Verfahren werden die Kunststoff-Profilstangen hergestellt? Beschreiben Sie das Verfahren.

# 14 Oberflächenbehandlung

## 14.1 Fachbegriffe

| Name: | Klasse: | Datum: | Blatt 1/1 |
|---|---|---|---|
| | | | |

**1.** Lösen Sie das Kreuzworträtsel mit den angegebenen Beispielen (keine Umlaute):

Das Lösungswort ist die englische Bezeichnung für Oberfläche

**Waagerecht**

**4** Gerbsäurchaltige Holzart, die sich durch Kontakt mit Eisen graublau verfärbt
**7** Lackauftragsverfahren, bei dem die Lackzerstäubung luftlos mittels hydraulischem Druck erfolgt
**9** Ungiftige Säure zur Fleckentfernung und zum Bleichen gerbsäurehaltiger Hölzer
**11** Die natürliche Holzfarbe verändern, Holz färben
**14** Transparente oder mit Pigmenten versehenen Anstrichstoffe, vorwiegend für den Außenbereich
**15** Bezeichnung für Korngrößen (Schleifpapier)
**16** Leichtflüchtige Substanzen in Lack

**Senkrecht**

**1** Aufhellen des Holzes mit Wasserstoffperoxid
**2** Damit sollen die äußere Holzschicht gefüllt und die Saugwirkung des Holzes verringert werden
**3** Glätten des Holzes
**5** Die ätzende Substanz zum Entfernen alter Lackanstriche
**6** Abkürzung für Polyurethan
**8** Hilfsmittel für den Handschliff
**10** Auch Hydro- oder Aqualack
**12** Mittel zum Ausfüllen kleiner Holzfehlstellen nach dem Lackieren
**13** Lauge zum Räuchern vom Eichenholz
**17** Abkürzung für Maximale Arbeitsplatzkonzentration

## 14.2 Lacksysteme

| Name: | Klasse: | Datum: | Blatt 1/1 |
|---|---|---|---|

**1.** Welche Lacksysteme werden grundsätzlich unterschieden?

**Lacksysteme**

**2.** Vervollständigen Sie den Text mit folgenden Wörtern:
Grundierungen, trocknen, Reaktionsharzlacke, lösungsmittelhaltige, chemische Reaktion, Lösungsmittel, Reaktionsharzlacke, füllen, Schleiffähigkeit, Überzugslack, einfach, organische Lösungsmittel, Auftrag

_______ Lacke trocknen bzw. härten durch das Verdunsten des _______ aus. _______ trocknen bzw. härten durch _______ der verschiedenen Komponenten aus. Vielfach werden ein Grundlack und ein Überzugslack eingesetzt. _______ verfestigen die Holzoberflächen, _______ die Poren und verbessern die _______. Der _______ verleiht der Holzoberfläche den Glanz und schützt sie gegen äußere Einflüsse. Lösungsmittellacke sind _______ zu verarbeiten, _______ schnell und weniger beständig gegen _______.
_______ sind schlagfest, haben hohe Elastizität und Abriebfestigkeit, sind beständig gegen Säuren und organische Lösungsmittel. Der _______ von Lacken kann durch Pinsel, Ballen oder Spritzpistolen erfolgen.

### Klassifizierungen und Kennungen von Lacken

| | **Beanspruchung mit Kennziffern** **hoch ← mittel → gering** | | | | | |
|---|---|---|---|---|---|---|
| **chemisch** DIN 68861-1 | 1 A, 1 B, 1 C, 1 D | | | | | |
| auf **Abrieb** DIN 68861-2 | 2 A, 2 B, 2 C, 2 D, 2 E, 2 F | | | | | |
| auf **Kratzen** DIN 68861-4 (Festigkeiten in N) | 4 A | 4 B | 4 C | 4 D | 4 E | 4 F |
| | > 4,0 | > 2,0 ≤ 4,0 | > 1,5 ≤ 2,0 | > 1,0 ≤ 0,5 | > 0,5 ≤ 1,0 | ≤5,0 |

### Hochglanzlack und Mattlack

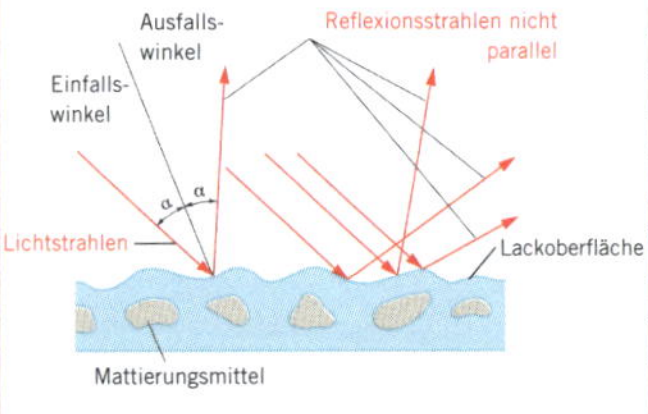

a)

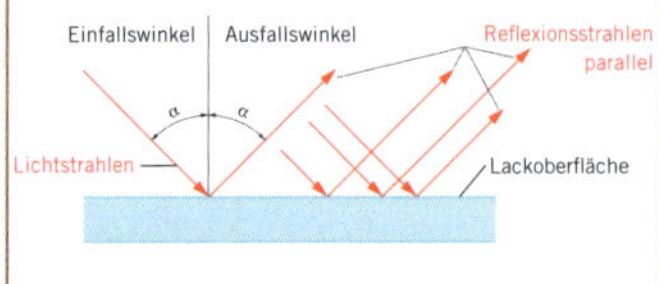

b)

**3.** Welche Bedeutung hat die folgende Angabe?
Lack DIN 68861 – 1B – 2D – 4D

**4.** Welche Darstellung ist dem Hochglanzlack zuzuordnen?
Welche dem Mattlack? Begründen Sie Ihre Antwort.

## 14.3 Arbeiten mit Lacken

| Name: | Klasse: | Datum: | Blatt 1/1 |
|---|---|---|---|

**1.** Die Oberflächengüte eines Möbels hängt entscheidend von den Vorarbeiten ab. Bringen Sie die aufgeführten Arbeitsschritte durch Nummerierung von 1–5 in eine fachlich richtige Reihenfolge. Beachten Sie, dass alle Arbeitsschritte vor der Endlackierung erfolgen.

Entstauben

Wässern

Vorschliff

Schleifen mit Korn 220

Beizen

**2.** Berechnung der Gebindemenge und der Lackanteile für einen 45 $m^2$ großen Raum mit Parkettboden.

| Ergiebigkeit (laut Hersteller): 8–10 $m^2$/Liter | Das Mischungsverhältnis (laut Hersteller) soll 5 : 1 betragen. Gebindemenge: 4,5 Liter |
|---|---|
| | |

**3.** Beschriften Sie die Abbildung mit den folgenden Begriffen Luftmengenregulierung, Lackmengenregulierung und Spritzstrahleinstellung.

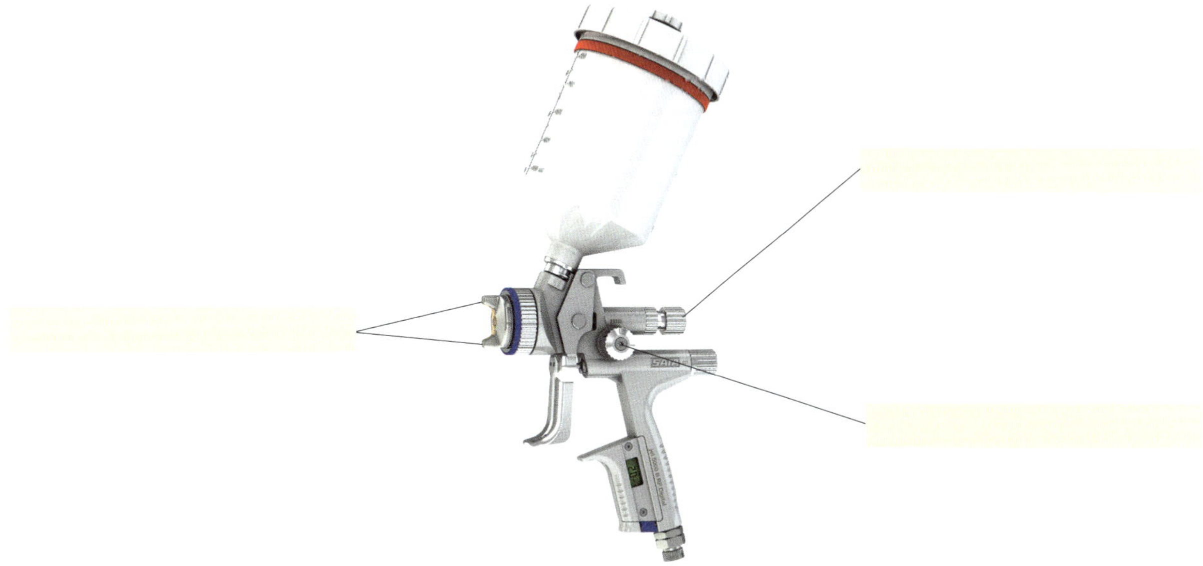

## 14.4 Lackierfehler

| Name: | Klasse: | Datum: | Blatt 1/1 |
| --- | --- | --- | --- |

**1.** Für fast jeden Oberflächenfehler gibt es mehrere mögliche Ursachen. Ordnen Sie die aufgeführten Lackierfehler den Abbildungen zu und benennen Sie mögliche Ursachen für den jeweiligen Fehler.

Orangenhaut | Blasenbildung | Keine Lackhaftung | Runzelbildung | Grauschleier/Weiß angelaufene Fläche

| Lackierfehler | Mögliche Ursachen |
| --- | --- |
|  | |
|  | |
| 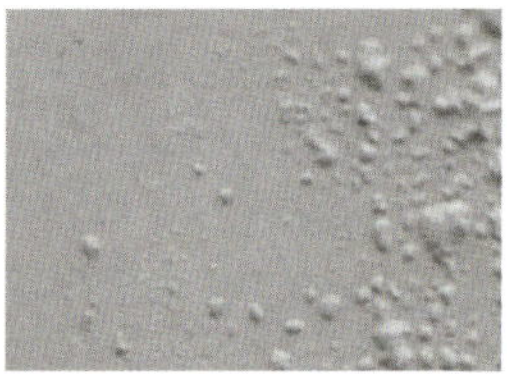 | |
|  | |
| | |

# 15 Metalle
## 15.1 Einsatzbereiche und Bezeichnungen von Metallen

| Name: | Klasse: | Datum: | Blatt 1/1 |
|---|---|---|---|

1. Der Einsatzbereich der Metalle ist im Tischlerhandwerk sehr groß. Ergänzen Sie in der Tabelle die jeweiligen Bezeichnungen.

| | | | |
|---|---|---|---|
| | | | |
| 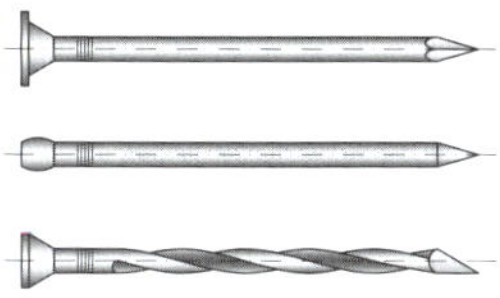 | 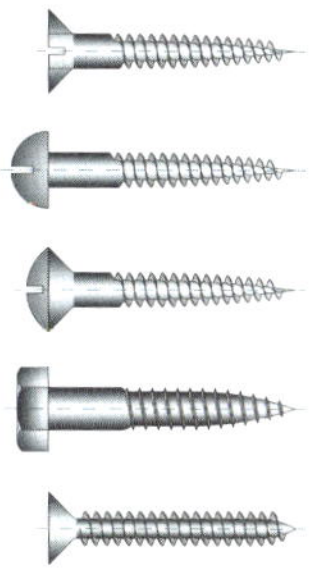 | 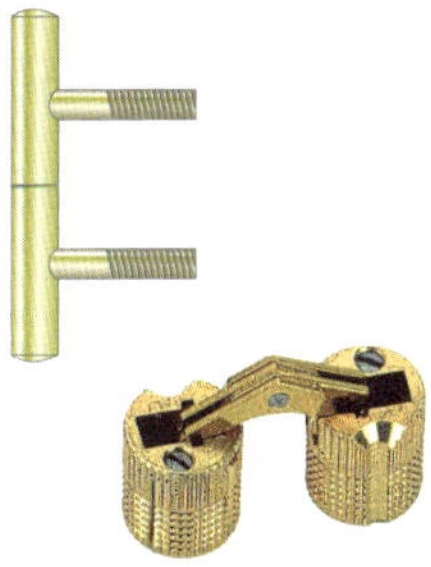 |  |
| | | | |
| 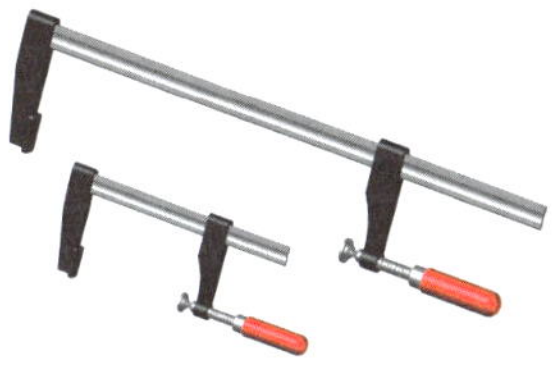 | 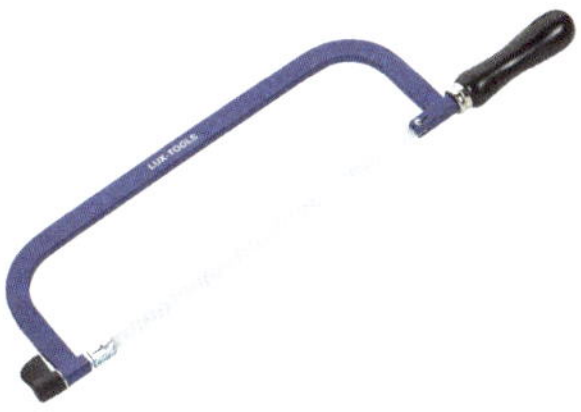 |  |  |

2. Verbindungsmittel und Beschläge erhalten in Zeichnungen Zusatzangaben. Geben Sie die Materialkennzeichnung an.

| | | | |
|---|---|---|---|
| AL | | St/nr. St | |
| bk | | Zn | |
| Aox | | Ni | |
| Ms | | Cr | |
| CuZn | | V4A | |

3. Woran erkennen Sie in der Abbildung, aus welchem Werkstoff die Schneiden bestehen?

| | |
|---|---|
|  | 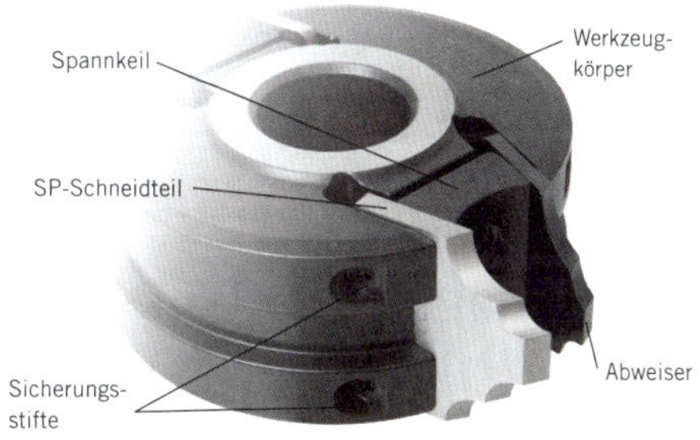 |
| | |

## 15.2 Verbindungen

| Name: | Klasse: | Datum: | Blatt 1/1 |
|---|---|---|---|

**1.** Welche lösbaren Verbindungen sind hier dargestellt?

| | | | |
|---|---|---|---|
| 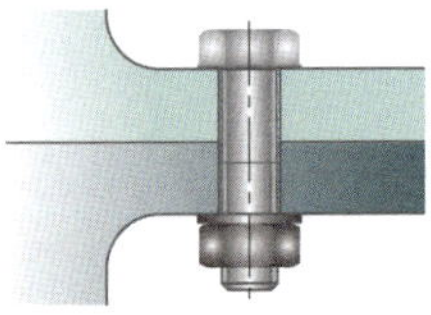 | 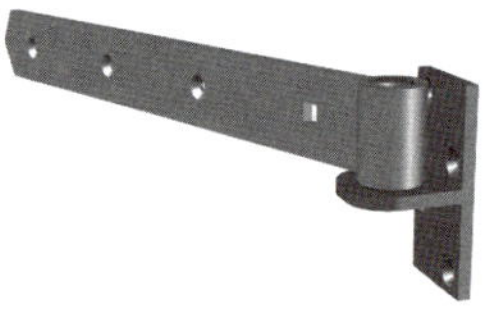 | 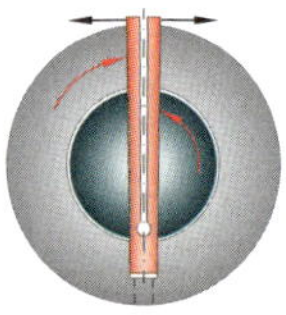 |  |
| | | | |

**2.** Benennen Sie die einzelnen Teile an der Flachrundschraube und an der Sechskantschraube.

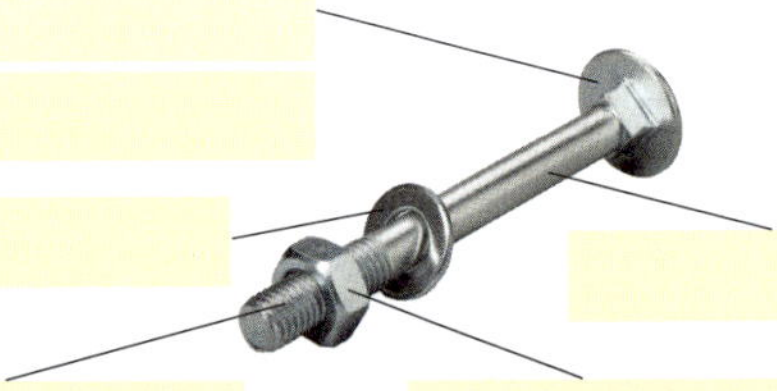

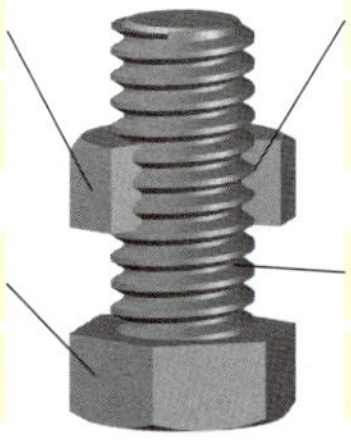

**3.** Welche Gewindesteigung wirkt selbsthemmend, bei welcher könnte sich die Mutter lösen?

| | | |
|---|---|---|
| 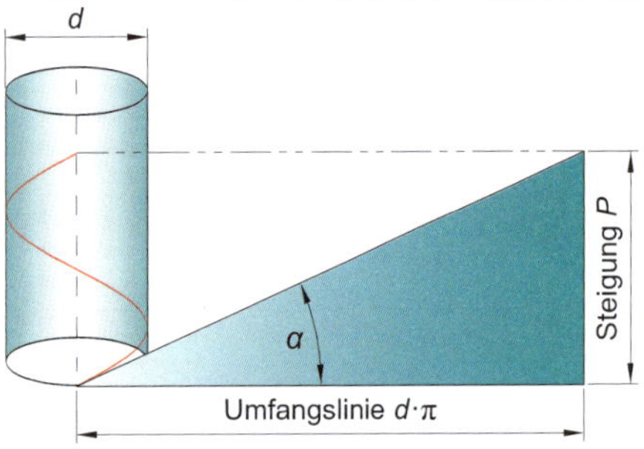 | 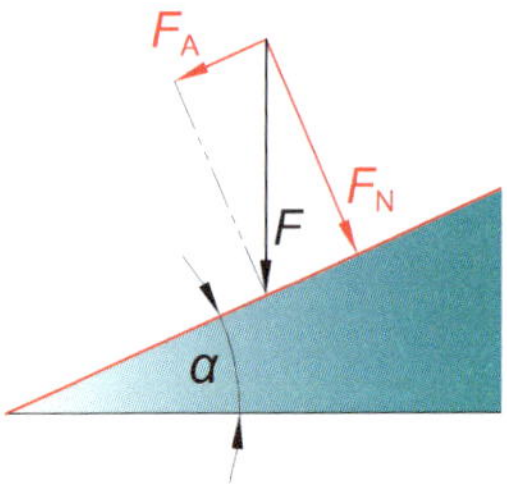 | 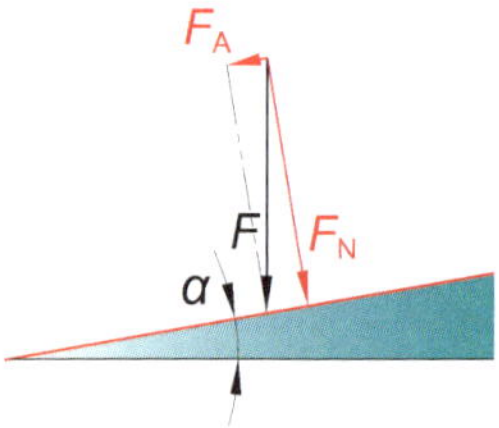 |
| Abwicklung einer Schraubenlinie | | |

**4.** Bitte vervollständigen Sie den Merksatz.

Die Reibungskraft ist umso größer, je ______ der Steigungswinkel. Bei großer Gewindesteigung wird die Pressung an den ______ so ______, dass sich die Verbindung selbstständig lösen kann.

**5.** Gewindegänge findet man auch bei unterschiedlichen Spiralbohrern. Welcher Bohrertyp eignet sich für Weichholz, welcher für Hartholz?

| | |
|---|---|
| 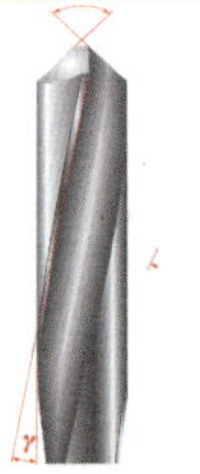 |  |
| | |

## 15.3 Fachbegriffe

| Name: | Klasse: | Datum: | Blatt 1/2 |
|---|---|---|---|

**1.** Fügen Sie den jeweiligen Fachbegriff ein.

| | |
|---|---|
| | • besteht aus mindestens zwei miteinander vermischten Komponenten<br>• davon ist mindestens eines ein Metall<br>• dient der Verbesserung bestimmter Eigenschaften des Grundmetalls |
| | • rasches Abkühlen (Abschrecken)<br>• oberflächig entsteht eine Härtesteigerung |
| | • Erwärmung in stickstoffabgebenden Mitteln durch Bad- oder Gasnitrieren |
| | • Wärmebehandeln von weißem Gusseisen<br>• durch Entkohlen: weißer Temperguss<br>• durch Graphitisieren: schwarzer Temperguss |
| | • Erwärmen eines gehärteten Stahles auf eine Temperatur unterhalb der Umwandlungstemperatur 723 °C<br>• anschließend langsame Abkühlung<br>• Steigerung der Zähigkeit |
| | • hohe Zähigkeit bei hohen Festigkeitswerten durch Anlassen auf Temperaturen bis 680 °C |
| | Pulvermassen mit minimalem Zusammenhalt werden<br>• in Formen<br>• durch Wärmebehandlung unterhalb des Schmelzpunktes<br>• verdichtet und ausgehärtet |
| | Stahl mit Massenanteilen von<br>• mindestens 10,5 % Chrom<br>• höchstens 1,2 % Kohlenstoff<br>• weniger bzw. mehr als 2,5 % Nickel |

**2.** Beim Einsatz von Metallen, meist im Außenbereich, kann es zu Korrosion kommen. Für die Beurteilung ist die elektrochemische Spannungsreihe maßgebend. Wie groß kann die Spannung zwischen z.B. Kupfer und Zink werden?

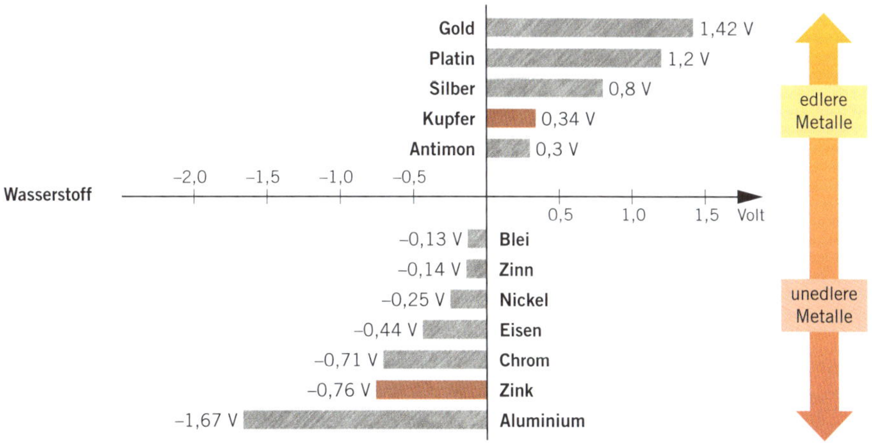

## 15.3 Fachbegriffe

| Name: | Klasse: | Datum: | Blatt 2/2 |
|---|---|---|---|

**1.** Vervollständigen Sie das Kreuzworträtsel.

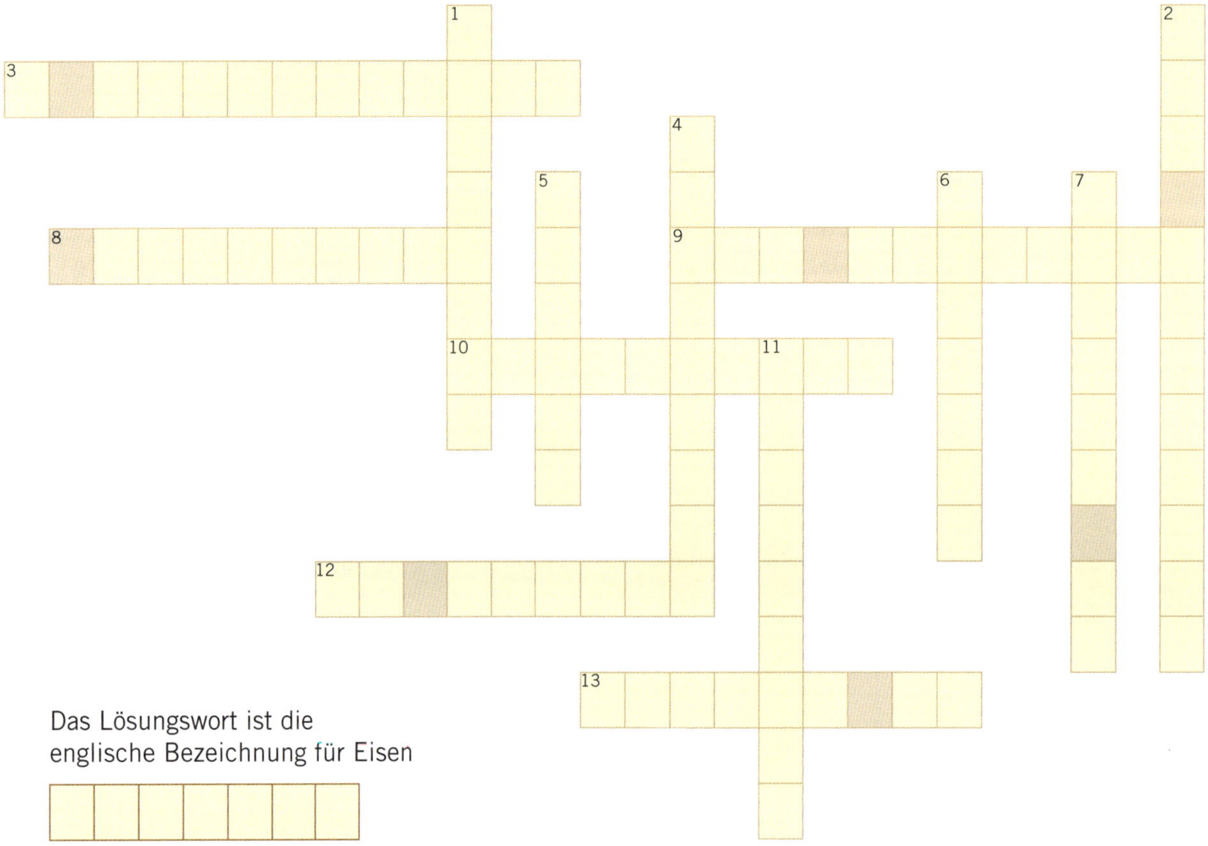


Das Lösungswort ist die englische Bezeichnung für Eisen

**Waagerecht**

**3** Härtbarer Stahl, der sich durch große Reinheit auszeichnet (geringer Anteil von Phosphor und Schwefel)

**8** Widerstand eines Metalls gegen Formänderung und Trennung durch äußere Krafteinwirkung

**9** Eigenschaft von Metallen, bei Belastung zu brechen

**10** Wird durch Pressen und Sintern pulverförmiger Werkstoffe (Wolframcarbid, Titancarbid und Cobalt) hergestellt.

**12** Anderer Ausdruck für *Rost*

**13** Herstellung einer Schutzschicht, die die Widerstandsfähigkeit von metallischen Oberflächen erhöht.

**Senkrecht**

**1** Stahlart, die für den Bau von Werkzeugen und Maschinen verwendet wird

**2** Eigenschaft eines Metalls, nach Wegnahme einer Belastung, seine ursprüngliche Form wieder einzunehmen.

**4** Metall mit guten Schwingungseigenschaften und hoher Verschleißfestigkeit, welches gut schmelz- und gießbar ist.

**5** Widerstand, den ein Metall dem Eindringen eines härteren Werkstoffs entgegensetzt.

**6** Verfestigen pulverförmiger Metalle in teigigem, also nicht flüssigem Zustand.

**7** Ein metallischer Werkstoff, der aus mindestens zwei Elementen besteht.

**11** Anderer Begriff für Leichtmetall

# 16 Glas
## 16.1 Herstellung und Einsatzgebiete von Glas

| Name: | Klasse: | Datum: | Blatt 1/1 |
|---|---|---|---|

**1.** In welchen Bereichen wird Glas im Tischlerhandwerk eingesetzt?

**2.** Aus welchen Rohstoffen wird Glas hergestellt?

**3.** Die Glasherstellung für die meisten Gläser erfolgt im *Floatverfahren*. Informieren Sie sich über das Floatverfahren, notieren Sie Stichpunkte und erklären Sie ihrer Klasse das Floatverfahren.

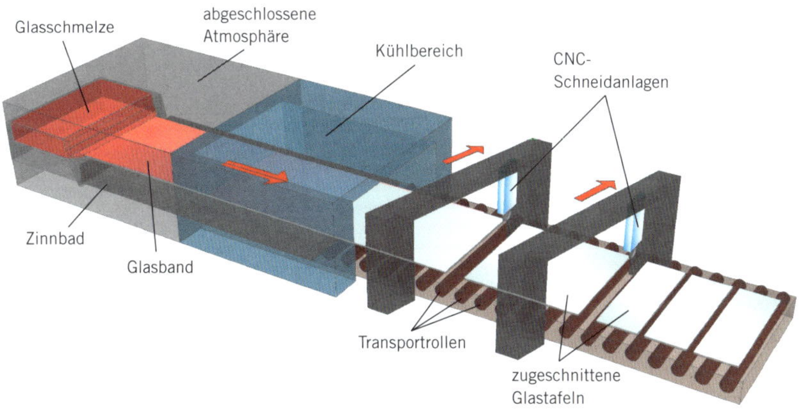

| 16.2 Verarbeitung von Glas | | | |
|---|---|---|---|
| Name: | Klasse: | Datum: | Blatt 1/1 |

**1.** Was bedeutet die Bezeichnung Verbundglas?

**2.** In der Werkstatt kommt es vor, dass Glas von Hand zugeschnitten werden muss. Dazu wird ein Glasschneider eingesetzt. Sie beherrschen mittlerweile die Handhabung, sollen nun aber einem anderen Auszubildenden die Handhabung erklären. Stellen Sie für den Gebrauch des Glasschneiders Arbeitsregeln auf.

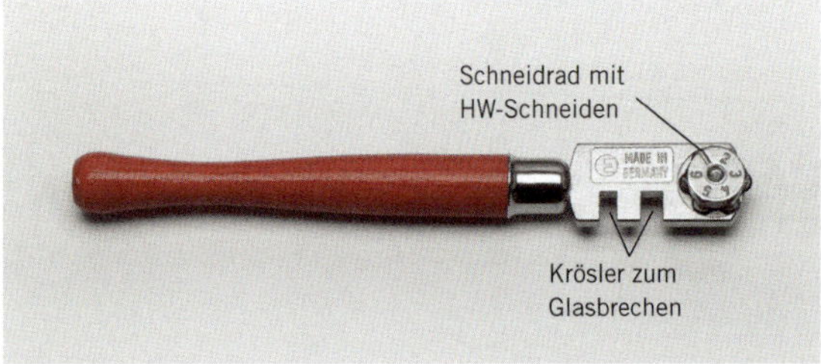


**3.** Nennen Sie drei Maßnahmen aus dem Bereich des Arbeits- und Gesundheitsschutzes, die beim Arbeiten mit Glas Verwendung finden sollten.

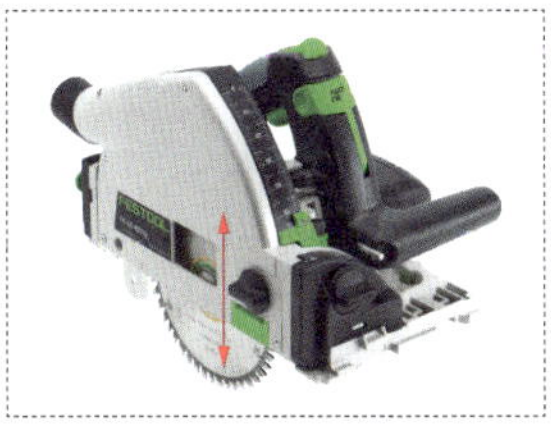

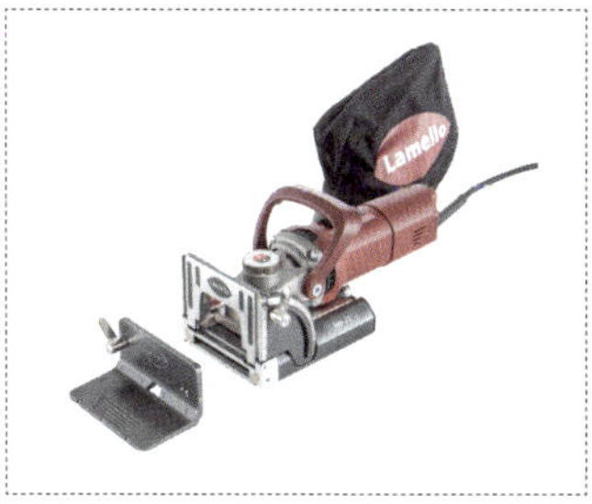
Lamello

FESTOOL

BOSCH

BOSCH
Professional

# Weitere Titel passend zum Thema:

*H. Klein*
**Prüfungsbuch für Tischler/Schreiner**
978-3-7782-**5050**-1

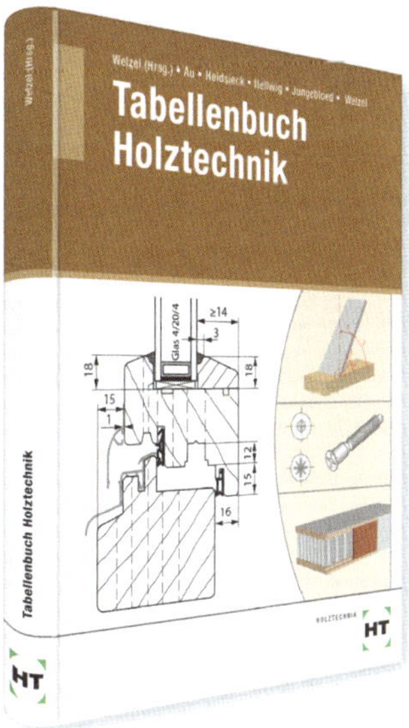


*Hrsg.: O. Welzel*
**Tabellenbuch Holztechnik**
978-3-582-0**3492**-2

*Hrsg.: E. Heidsieck*
**Fachkenntnisse Holztechnik**
Lernfelder 5 bis 12
978-3-582-0**3420**-5

Arbeitsheft
**Fachkenntnisse Holztechnik**
Lernfelder 5 bis 12
978-3-582-**34203**-4

Arbeitsheft mit eindruckten Lösungen
978-3-582-**34204**-1

Weitere Informationen und Probeseiten
finden Sie unter handwerk-technik.de oder direkt hier:

## Bildquellenverzeichnis

Verfasser und Verlag danken den genannten Firmen, Institutionen und Personen für die Überlassung von Vorlagen und Abdruckgenehmigungen zu folgenden Abbildungen:

123RF GmbH, Nidderau: S. 80 (2©Wuttichok Panichiwarapun, 3©photodee, 4©andreytlt)
AERO-LIFT Vakuumtechnik GmbH, Geislingen-Binsdorf: S. 7 (1)
Allianz Umweltstiftung, Informationen zum Thema Tropenwald, Berlin: S. 24 (2)
Reinhold Beck Maschinenbau GmbH, Krauchenwies: S. 62 (3)
Robert Bosch GmbH, Gerlingen-Schillerhöhe: S. 39 (2); 87 (2, 7, 10, 14, 15)
Stephan Dyck, Buchholz: S. 75 (1–6)
E.C. Emmerich Werkzeugfabrik GmbH + Co. KG, Remscheid: S. 39 (4)
Festool GmbH, D-Wendlingen: S. 56 (1); 87 (1, 3–5, 8+9, 11–13)
Fotolia Deutschland, Berlin, © www.fotolia.de: S. 7 (3©gpointstudio); 8 (1©zdshooter
©spaxiax); 24 (1©kalypso0)
GUHDO GmbH, Wermelskirchen: S. 81 (7, 10)
Häfele GmbH & Co KG, Nagold: S. 81 (4a+ b)
Erich Heidsieck, Hamburg: S. 25 (2); 44 (3); 58 (4)
Uwe Hellwig, Recklinghausen: S. 46 (1)
Hettich Furn Tech GmbH & Co.KG, Vlotho: S. 61 (2); 81 (3b)
Gebr. Hölscher Bauunternehmung GmbH, Duisburg: S. 5 (4)
HOKUBEMA Maschinenbau GmbH, WÖRNER Werbung + Marketing: S. 52 (3, 5, 6); 53 (3, 5); 57 (1)
HOLZ-HER GmbH, Nürtingen: S. 52 (2)
Gottfried Joos Maschinenfabrik GmbH & Co. KG, Pfalzgrafenweiler: S. 53 (1); 63 (1)
Jowat SE, Detmold: S. 5 (5)
Wilhelm Kaufmann, Norderstedt: S. 12 (1+2); 17 (1); 39 (1, 3, 5, 6); 40 (1–5); 42 (1); 43 (4); 76 (2+3)
ANTON KESSEL GmbH, Andelfingen: S. 4 (1)
Lamello GmbH, Weil am Rhein: S. 87 (6)
LAUBER GmbH Trocknnungstechnik, Alfdorf: S. 19 (2)
Emil Lux GmbH & Co. KG, Wermelskirchen: S. 81 (6)
MADO GmbH, Dornhan: S. 5 (1)
MAGNUS OLESEN A/S, DK-Roslev: S. 34 (1)
Malerbetrieb Achim Bauer, Burgen b. Bernkastel-Kues: S. 5 (3)
MAXION Jänsch & Ortlepp GmbH, Pößneck-Thüringen: S. 53 (4)
Dr. Uwe Noldt, Thünen-Institut für Holzforschung, Hamburg: S. 21 (3a+b, 5a+b, 8, 9a+b); 22 (2)
Günter Parey, Buxtehude: S. 60 (1)
Otto Martin Maschinenbau GmbH & Co. KG, Ottobeuren: S. 52 (1, 4); 53 (6); 55 (1); 58 (1, 2); 81 (8)
OHRA Regalanlagen GmbH, Kerpen: S. 5 (2)
SATA GmbH & Co. KG, Kornwestheim: S. 79 (1)
Wilh. Schmitt & Comp. GmbH & Co. KG, Remscheid: S. 40 (6)
Michael Schwab, Hamburg: S. 21 (1, 2, 4, 6); 22 (1); 32 (2–12); 33 (1); 35 (3–6); 37 (1); 56 (2+3); 58 (3); 76 (1); 82 (5); 86 (1)
Sperling Info Design GmbH, Gehrden: S. 11 (1); 62 (1); 72 (4); 78 (1), (2); 82 (1, 10, 11)
Standox GmbH, Wuppertal S. 80 (1)
© Thünen-Institut für Holzforschung, Hamburg: S. 13 (1–3); 15 (1–9); 21 (7); 26 (7–10)
Tischlerei Guido Einemann, Hude / Lintel: S. 2 (2); 7 (2)
WEEKE Bohrsysteme GmbH, Herzebrock-Clarholz: S. 53 (2)